知识生产的原创基地
BASE FOR ORIGINAL CREATIVE CONTENT

颉腾商业
JIE TENG BUSINESS

Pole Position

Mit der richtigen
Positionierung zu Marktpräsenz
und Mehrumsatz

独一无二

用定位
打造你的影响力

[德] 赫尔曼 · 谢勒（Hermann Scherer）著
王贯虹 译

浙江教育出版社 · 杭州

图书在版编目（CIP）数据

独一无二：用定位打造你的影响力 /（德）赫尔曼·谢勒（Hermann Scherer）著；王贯虹译．-- 杭州：浙江教育出版社，2025. 5. -- ISBN 978-7-5722-9622-2

Ⅰ. B821-49

中国国家版本馆 CIP 数据核字第 2025SC6503 号

独一无二：用定位打造你的影响力

DUYI WU'ER：YONG DINGWEI DAZAO NIDE YINGXIANGLI

［德］赫尔曼·谢勒（Hermann Scherer）　**著**

王贯虹　**译**

责任编辑　赵清刚
美术编辑　韩　波
责任校对　马立改
责任印制　时小娟
出版发行　浙江教育出版社
地址：杭州市环城北路 177 号
邮编：310005
电话：0571－88900883
印　　刷　涿州市京南印刷厂
开　　本　880mm × 1230mm　1/32
成品尺寸　147mm × 210mm
印　　张　7
字　　数　168 千字
版　　次　2025 年 5 月第 1 版
印　　次　2025 年 5 月第 1 次印刷
标准书号　ISBN 978-7-5722-9622-2
定　　价　69.00 元

译者序 | PREFACE

这是一本关于个人成长与选择的书籍。不同于刻板枯燥的说教与苦口婆心的劝说，谢勒以其个人的成长经历为脉络，通过一个个生动有趣的故事为读者呈现了不一样的人生经历以及人生选择。崎岖与弯路，失败与挫折，会不可避免地出现在每个人的成长道路上，但谢勒的经历告诉我们，只要找准定位，坚定不移地践行自己的目标，我们每个人都能够在属于自己的舞台上焕发光彩。

谢勒的文章总是随兴所至，乍看上去仿佛毫无章法，却能让读者切身感受到他的思维跳跃与灵感迸发。这样的书写方式也为我们提供了另一种思路，那就是写书似乎并没有想象中那么复杂，只要你希望分享，就可以化整为零地随时开始。不为自己设定太过遥远的宏伟目标，而是一步一步、一个章节一个章节地开始，在行进中不断丰富自己的作品与人生。

谢勒试图教会我们的第一件事就是做减法。人的社会属性决定了我们身上各种各样标签的存在，“子女”“父母”“学生”“教师”“员工”“经理”等等，但究竟哪个身份将会成为你未来职业生涯的主旋律？你要在哪个角色的基础上继续前行并越走越远？这个选择至关重要，更需要我们拿出破釜沉舟的勇气与决心。在谢勒看来，那个扮演“杂货贩”的自己将永远与成功失之交臂，因为没有什么比对自己的准确定位更加重要和关键。

诚然，成长与蜕变的过程往往伴随着巨大的不适与痛苦。第一次参加戴尔·卡耐基培训课程的尴尬与窘迫，翻开电话簿拨通每一个潜在客户电话的痛苦与艰难，未知与陌生的世界会让每个人本能地望而却步。但当我们坚定而勇敢地走出自己的舒适圈，就会发现外面的世界原来如此宽广而美妙，我们原来可以如此轻松地拥抱人生中更多的机会与可能。

谢勒提出了很多与大多数人印象中的正确做法大相径庭的观点，这归功于他对市场和需求的深刻理解与把握。例如，他并不认可众多专家学者一直以来所推崇的“独特销售主张”，却认为“广泛的定位”才能够真正带来更多的可能与收益。因为市场的需求是多样且巨大的，不要在开始之初就为自己设限，对你感兴趣的人越少，你的潜在机会就越少。谢勒的另一个与众不同的观点就是不要相信整装待发和准备充分，不断拉长的准备时间只会加剧我们的焦虑和自我怀疑，进而与成功渐行渐远。在前进的过程中不断修正目标和方向，才是当今社会环境下最有效和最稳妥的做法。

如果你是一位对演讲行业抱有很大兴趣的人，相信这本书能够打开你的思路，为你提供更多专业上的方法与建议；如果你正在寻找人生的方向和事业的起点，那么不妨跟随谢勒的脚步，去找到属于自己的广阔天地；如果你希望开拓思维，了解更广阔的世界与可能性，书中生动而有趣的人生故事想必能够让你沉浸其中，并为你带来更多对于自己人生的启发与思考。

目录 | CONTENTS

引言

改变的起点

一位魔术师曾在接受《明镜周刊》采访时表示："表演往往只是我日常工作中很小的一部分。"相较于很多仍为生计而努力拼搏的魔术师，年收入超过 20 万欧元的他已经取得了不错的成绩。而与近乎成为亿万富翁的国际巨星大卫·科波菲尔（David Copperfield）相比，身价近 3000 万欧元的埃尔利希兄弟也只能算是小巫见大巫。尽管进行了调研，但我仍无法统计出德国现有魔术师的准确人数。其原因一方面在于魔术师并不属于德国职业培训的范畴；另一方面则在于人们很难对数十万魔术表演者与真正的魔术师做出明确区分。德国魔术圈协会成立于 1912 年，目前在全球拥有近 2800 名注册会员。

> 困难往往意味着突破。

这次魔术世界的奇妙之旅让我明白：困难往往意味着突破。在那一刻真正来临之前，在你完美亮相之前，还有很多事情需要准备和完成。关键问题是："你将如何在人生的舞台上崛起，并将自己打造成有价值的品牌？"

长期以来我都不知该如何回答这个问题，因此在我刚刚进入演讲行业时，我希望通过请教他人得到启发。我曾飞往多特蒙德拜访专门为培训师和演讲者工作的尤塔·豪泽尔（Jutta Häuser），并向她展示了我的个人资料，以了解将来应该如何更好地展示自己。她看着文件，问我："你想成为一名演讲者吗？"我说："是的。"然后她就对我精心准备的个人资料进行了严格的筛选，并从中删除了所有与演讲无关的词条，包括"研讨会""咨询""辅导""培训""培训师"等。

如果你想做成一件事情，你就不能再从事其他事情——至少在公众眼中是这样的。在没有真正了解市场的情况下，这种方法是合乎逻辑且保守的，但首先会令人感到恐惧。我产生了巨大的恐惧和无穷的忧虑，我特别担心我的人生、我的存在会在这短短的几分钟甚至几秒钟内被删除、销毁甚至永远抹除，我差点儿哭了出来。

"你正在删除我的职业前景。如果我的资料中那些让我赖以生存或者至少在99%的时间里赖以生存的东西被彻底删除，未来我将何以为生？"这对我来说是不可想象的。咨询过程中我曾多次拒绝，但尤塔只是摇摇头说："鱼与熊掌不可兼得。"最终我还是屈服了，尽管我仍不服气。我们删掉了纸面上的文字，后来我也在现实生活中找到了这样做的勇气。

我选择破釜沉舟，就像以前的统帅们烧毁船只、切断退路一样，希望以此展示自己的勇气和决心。我以培训师、顾问、教练以及演讲者的身份前来，却只作为演讲者离开了这里——与之相伴的是行囊中满满的恐惧。而如今，已经在30多个国家举办过3000多场讲座的我终于可以笑对曾经。回顾过去，我清楚地意识到：在我的人生中，至少在我的职业生涯中，没有什么比对自己的准确定位更加重要和关键。

> 在我的职业生涯中，没有什么比对自己的准确定位更加重要和关键。

想当初，我是多么抵触为自己设定一个明确的目标、具体的方向以及准确的定位啊！像很多人一样，我把自己当成了一个杂货商——似乎什么都可以做。我想用尽一切手段来保住自己的“杂货橱窗”，因为我坚信：“如果不这样做，我将无以为生、无钱可赚。”因为放弃人生中的某些经历而变得无法生存,这让我感到非常恐惧。

今天，我仍能在很多人身上感受到这种恐惧。事实上，这种“删除”才是每个人成长过程中至关重要的一步，甚至可以说是最重要的一步，因为这将帮助你在某件事情上获得巨大成功。据说迈克尔・舒马赫（Michael Schuhmacher）擅长很多运动项目，但为了成为某一项运动的世界冠军，他同样放弃了很多事情。

在一级方程式赛车比赛中，杆位（首位发车）是最理想的出发位置，也是最有利、最具竞争优势的位置。我衷心祝愿每一位读者都能够通过合理的规划，发挥自身潜力以及一切优势，最终取得伟大的成就并实现自己的梦想。准确定位能够让自己的人生和事业从杆位出发，赢在起跑！

第 1 章
我的个人成长之路

认知限制想象

在我 12 岁时，我的姐姐被确诊患有脊髓肿瘤。从那时起，我的父母开始面临巨大的压力，生活变得失控，他们同时经营着两家杂货店，并且经常外出。他们生活中的大部分时间都用来经营商店，以及带着我的姐姐无数次地前往不同的医院、专科诊所甚至精神和心理疗愈馆求医。所以从那时起，我或多或少地孤身一人，并成长为一名叛逆少年，尤其在我与拉丁语老师发生冲突之后。激烈的叛逆行为使我不得不离开本来就读的文理中学[1]，即便后来转学到了实科中学[2]，我还是无法毕业。为了彰显我的叛逆精神，我烧毁了上一年度的成绩单，而上面的平均成绩仅为 5 分[3]。由此可见，

① 文理中学又称“高级文理中学”“高级中学”，毕业后可直接进入综合类大学。——译者注

② 实科中学又称“实验中学”，毕业后需进入“职业中学”进行职业培训，而后可进入应用技术类大学。——译者注

③ 德国中学实行 1~6 分制，其中最好成绩为 1 分，4 分为及格，5 分、6 分均为不及格。——译者注

我的失败并非一次，而是很多次！

一个无所事事的年轻人会做些什么呢？答案自然是在街上闲逛。14 岁的我醉醺醺地游荡在弗赖辛的大街上，靠坐在人行道旁的一家商店门口，耷拉着脑袋。其实我只是想坐在那里，因为除了这样发呆我也没有其他更好的选择。突然，叮当的声响将我从白日梦中惊醒。是有人掉落了什么东西吗？我睁开眼睛仔细一看，发现是一枚 50 芬尼的硬币（这是一种旧货币，相当于现在的欧分）掉落在我的面前。

当我坐在那里时，本不应该出现这样一枚硬币。我意识到，显然是有人把我当成了乞丐，出于怜悯丢给我一些零钱。我并没有因此感到愤怒或感到被冒犯，相反，我对于这种仅靠坐在这里无所事事就可以轻而易举地获得收入的方式感到高兴。我决定坐在这里，直到攒够一顿饭钱。事实上，我并没有花费太长的时间就实现了这个目标，而我的第一份职业规划就这样诞生了——乞丐。

除了乞讨之外，我还想做一名洗碗工，却因当时过小的年纪而未能实现。但在法律允许的范围内，即每天晚上的 8 点到 10 点我可以在当时的迪斯科舞厅收集玻璃瓶。这两个小时的工资是 5 马克，并且晚上 10 点前可以免费畅饮。我非常自豪能够通过收集玻璃瓶而开辟出新的收入来源。我坚信，很快我将不仅仅只限于收集玻璃瓶，而可以成为一名正式的洗碗工。现在回想起来，这真是一个相当朴素的梦想。后来，我开始在父母的杂货店里工作，负责销售水果和蔬菜。

- 个人心得 & 人生里程碑

这些经历很快让我明白，消磨时间的方式有很多种，尤其是那些同时还可以赚钱的方式。

杂货店里的生活

“您好！有什么能够帮您？”

“我想要1磅[①]西红柿。”

“好的，我这就给您打包。给您，祝您拥有美好的一天！”

这就是我曾经的工作场景。在还没有普及自助秤和自助服务台的时候，顾客通常会在柜台前提出自己的需求，并由作为售货员的我将他们所需要的物品小心地打包、称重、贴价，并带着友善的微笑将其交给顾客。就这样，我开始在父母的杂货店里担任西红柿销售员，并以此为基础了解和学习食品零售业务。在此期间，我的姐姐去世了，这是我人生的转折点，尽管没有明确的方向，但15岁的我开始对食品销售产生巨大兴趣。那段时间，我尝试了解各种食物，以及我们的顾客和员工。

19岁时，我成为杂货店的老板，拥有30名员工。这些年来，员工人数增至100多人，而这并不是什么稀罕事。在日常工作和生活中，我们需要时刻关注的往往是一些平常的小事。生活中，人们很少需要像火箭科学这样的专业知识。这可以说是我一生中最重要的收获之一。

> 生活中，人们很少需要像火箭科学这样的专业知识。

当时，我的月工资增加到了2000马克。这样的工资收入让我坚信：我很有钱！我可以买得起任何我想要的东西。当时的我完全无法想象，我还有可能赚更多的钱。如果当时有人对我说，未来的我

① 1磅约为0.4536千克。

每小时可以赚 1 万甚至 2 万马克，或者一个周末的销售额可以达到 100 万马克，我可能只会不以为然地摇摇头，并放声大笑。

后来，我认识了丽塔（Rita），并和她一起度过了我人生中的一段时光。她在一家公司担任董事长助理一职，她告诉我，她的老板每年收入超过 10 万马克，甚至高达 30 万马克。对我来说，这是一个难以想象的数字。我花了很长时间才消化并相信了她的话。我一直认为，她一定是搞混了、听错了或者误解了什么。总之，这不可能是真的。或者是她的老板对她撒了谎，我觉得这个想法更加合理。

- **个人心得 & 人生里程碑**

现在回想起来，当时的我是多么的目光短浅。在社交媒体还没有出现的时候，人们没有机会见证大量“网红”和白手起家的百万富翁如何一步步崛起。人们更愿意相信，不应高估自己。如今，一切已经不一样了，但在我看来，很多人还没有真正地转变观念。

观念的局限不仅适用于曾经的我，我注意到很多人也有这种情况。一直以来，我们接受的教育让我们不要自视过高。但令人难以置信的是，我们将自己想象得太渺小——无论我们是真的如此渺小，还是没有机会去开发自己的潜力。这实在太可怕了！当然，我们不能因此形成自视甚高的傲慢。但今天的我却可以在这里用“目光短浅”来形容曾经的自己，而谁又知道其他更伟大的人会怎么看我，或者在更遥远的未来，我将如何回看现在的自己？

初出茅庐的年轻企业家

后来，我们扩大了杂货店的规模，创办了一家卫生用品商店，并成为一家大型化妆品公司的合作伙伴。按照惯例，我们受邀前往考察——施塔恩贝格湖的豪华一日游。在那里，我和我的姐夫（我已故姐姐的鳏夫，杂货店的管理成员之一）被邀请登上一艘帆船，船上有两名销售人员，还配备了美味佳肴、各色小吃和饮品。我们在航行中热闹地狂欢，这期间不会谈及任何商业话题。而当气氛达到高潮，我们血液中的酒精含量也已经偏高时，我们会短暂地停止航行，敲定订单，然后继续航行。

这两名销售人员的安排十分巧妙。当醉醺醺的你穿着泳裤，从明媚的阳光中被突然带到一间会议室，讨论如何购买放在那里的展示品，那么一切都将发生得自然而然、顺畅无比。事实上也确实如此，当你半裸着、窘迫地做出购买决定，并因为在湖上度过了美好的一天而心怀感激时，你未必会做出最明智的决定。长于经商的人显然不会陷入这样的窘境。我们买下了巨额的产品，以至于我们在产品交付时感到无比震惊。面对这些账单，我们简直束手无策。但对方公司显然无比老练，他们承诺我们可以退回所有未售出产品。这样看来，一切都还好。但事实证明，还有一个巨大的麻烦在等着我们。

麻烦如约而至：尽管我们用尽浑身解数销售商品，但还是不得不要求对方回收大量的未售出库存。进货量过大或许并不是什么大问题，但让自己沉迷于酒精和阳光则是我们所犯下的错误。在退货过程中，对方公司错误地填写了退货单，使我不得不以自担成本的方式私下售卖未成功退回的部分货物，以对冲我的账单金额。

第二年，当我们再次有多余的货物想要退回时，我已有所预料，我们可能会再次经历去年所发生的一切。化妆品公司的工作人员会正常打包货物，但不在退货单上记录相同的数量，我们将再次遭受损失。因此，我要求我的姐夫必须全程在场，这样我们就可以同时监督商品打包和数量记录的过程，避免再次吃亏。但在关键时刻，他却去午休了。直到今天我也不知道他为什么这么做，也许是缺乏勇气、没有意愿或是对这个行业不感兴趣。不管怎样，我独自一人和这两位工作人员一起，见证了我们再次被骗。仅凭我自己的力量，我根本没有勇气对此采取任何行动。我的内心深处感到恐惧，我对这种不公平现象、这些人的恶行以及我自己和我的无所作为感到震惊。

> 我们常常因为缺乏勇气和自信而选择缄默不语，因为我们认为，一切本该如此。

- 个人心得 & 人生里程碑

我的祖母曾说："要么张嘴，要么破财。"我对人性本善的信念再次被打破。虽然伤痕累累，但我认识到，人们很少会为他人着想，而只会考虑自己以及自己的利益。对于我未来的商业发展，我得出结论：我们常常因为缺乏勇气和自信而选择缄默不语，因为我们认为，一切本该如此。或者我们说服自己相信，无论如何我们也无能为力。但事实是，我们可以！

幸运地参加企业管理培训

我意识到，作为一名管理者，不仅要充分了解产品和企业，还要深谙如何与人打交道，这是我在职业学校中从未学过的。因此，我报名参加了施密特学院举办的企业管理培训班。当21岁的我开着那辆老旧的浅蓝色福特轿车驶入拜罗伊特的豪华酒店停车场时，入目皆是豪车，除了我这辆最小的福睿斯。我的车看起来就像是一只迷失在恐龙群里的甲壳虫，我突然意识到："我来错地方了。"但我已经付了学费，我也将有机会见到成功的施密特先生本人，并聆听他的发言。

在长达四天的时间里，我饱受各种几乎无法理解的术语、理论和方法的轰炸。事实上，这是一次很好的培训，但于我而言却为时过早。有趣的是，此次培训的主持人曾多次提到戴尔·卡耐基（Dale Carnegie）。这位国际知名作家曾出版《人性的弱点》和《如何停止忧虑，开创人生》。由此我下定决心：如果施密特先生能从戴尔·卡耐基身上学到些什么，那么我也一定能。

● 个人心得 & 人生里程碑

我意识到，尽管其他参与者都比我年长，开着更好的汽车，并且毫无疑问已取得成功，但他们仍在投资一件事情——个人深造。我也和他们一样，并且我想在这里毫无保留地建议大家，尽可能多地参加培训，尤其是想创业的人。但这并不意味着，我们要永远沉迷于做好万全准备而不付诸实践，这或许听起来有些自相矛盾。很长一段时间里，我都相信只有在我做好充分准备的情况下，我才能去参加职业培训。但事实上，我从未真正做好过准备，而我已经在自己的职业深造上投入了大量资金。所以，无论你身处何方，大步向前即可！培训过后同样如此。如果你认为在培训结束后，必须在山间小屋中休息几天才能充

> 人们总是半途而废，却总会从中学到些什么。

分理解和运用所学知识，这简直是无稽之谈。我的经验告诉我：人们总是半途而废，却总会从中学到些什么。

我的戴尔·卡耐基之行

几周后，我在慕尼黑参加了戴尔·卡耐基培训机构关于领导力和个人发展的培训，课程共计 14 次，每周一次。此次课程正好完美适配我的需求，学习管理者应该如何更好地与人打交道并了解对方的心理。

但在参加培训的第一天发生了一个小插曲。我被要求在酒店门口等候，因为培训方认为我并没有支付学费，尽管事实并非如此。我花费了很长时间终于澄清了误会，却也因此迟到了几分钟，尽管这并不是我一贯的作风。

我不知道哪个经历对我来说更加糟糕：是很实用但为时过早的拜罗伊特企业管理培训班，还是这个在一开始就迎来人们疯狂掌声的活动。这种美国式的、毫无根据的鼓掌对我来说非常可怕，而当时的活动组织者也无法很好地解释人们的这种行为。不幸的是，报名费已经交了。即使我很想立刻逃离这个地方，但我很清楚，出于钱的原因我不得不留下来。

随之而来的是疯狂的 14 周，每周都有一个晚上我要和这些学员共同参加培训。没有什么比这门课程更能让我的生活发生翻天覆地的变化了。和每个学员一样，每个晚上我都要面向观众发表演讲。或许是课程的内容，或许是每周的演讲训练使我变得兴奋、肾上腺素飙升，我不再怯场，最终我取得了优异的成绩并迎来了巨大的改变。就这样，我开始沉浸其中，多次参与课程并担任后续课程的助教，我开始编写助教工作手册，并成了培训负责人的首席助理。几年后，我成为德国戴尔·卡耐基培训机构的培训师，并曾飞往圣地亚哥参加培训师年会，共有来自世界各地的800多名培训师出席该会议。戴尔·卡耐基去世后，他的妻子成了培训机构的负责人，我曾有幸和她共进晚餐。再后来，我成为欧洲区域“人际交流与领导力培训”的培训师讲师。

上述所有后续发展都是在我全职经营杂货店的几年里发生的。这意味着，每天早上7点到下午6点我会在杂货店工作，而为了晚上7点准时出现在戴尔·卡耐基的培训课堂上，我会在下班第一时间驱车赶往慕尼黑，过程中甚至来不及换掉身上的杂货店工作服。路上总会遭遇堵车，为了节省时间，我开始练习在每一个红灯处更换一件衣服，这样当我下车时就变成了西装笔挺的专业培训师，身上不再是原本的休闲牛仔裤。多么匆忙的行程啊！但现在回想起来，在等红绿灯时半裸地坐在车里，这是多么有趣的经历啊！

● 个人心得 & 人生里程碑

现在回想起来，这是我第一次因为我的消极思维而取得成功。是的，我承认：我是一个爱发牢骚、抱怨不断的人。我总是喜欢吹毛求疵，即使有时候并没有什么问题需要改进。这可能听起来十分糟糕，但会带来一个决定性优势：那些发

> 那些发现问题的人至少已经占据了寻找合适解决方案的先机，而那些过分乐观的人却很可能已经错过了改进的机会。

现问题的人至少已经占据了寻找合适解决方案的先机，而那些过分乐观的人却很可能已经错过了改进的机会。当时的我看到了很多不足和问题，并最终解决了它们，这对我的职业生涯至关重要。

没有学员的培训师

经过相关培训，我可以作为培训师举办为期 14 周的戴尔·卡耐基“人际交流与领导力培训”课程，但前提是我能够招募到足够多的学员，而我必须自己解决这个问题。也就是说，如果我想要组织培训，我就要从担任电话推销员开始。作为事业起步阶段的友情赞助，我得到了五位潜在客户的联系方式。

我天真地拨通了前几个电话，直接问：“您想参加戴尔·卡耐基培训课程吗？”理所当然地，我得到了一个又一个“不”的回答，在结束第四通电话时我意识到，我必须改变策略。看着手里的最后一个电话号码，我想到了一些不同的东西。我打算不再开门见山，而是通过找到一个谈话基础，激发对方的兴趣，进而展开话题。然而谈话的结果却与设想完全不同。刚一打招呼，电话里的人就回复我说他是个酒鬼，对任何事情都没有兴趣，再见。至此，最后一个潜在客户也消失了。

事到如此，我做了一件对大多数人来说几乎难以想象的事情：我翻开了我的电话簿，从字母 A 开始一个个拨打电话。当时，这种今天所谓的无约电话（Cold Call）仍然是允许的。诚然，说服自己去做这样的事情已经十分艰难。而接通一个人的电话，唤起对方的兴趣，让自己有机会解释这通来电的用意并最终收获一个报名学员，更是难上加难。一切进展得如此艰辛，于是我给自己立了一个规矩，一个无比痛苦且危害健康的规矩：每完成一份报名订单，我才可以去洗手间。归功于这条促进销售却不值得推荐的策略，天知道有几次我是以怎样的速度冲进厕所的！

终于，经过不懈的努力，我迎来了培训的第一天课程。培训在慕尼黑巴伐利亚饭店的黄色大厅举办，这是我之前在一次品酒活动中偶然发现的场所。相较于它可能带来的经济效益，这是一次性价比极高的活动，因为我将借此机会推销更系统、更昂贵的戴尔·卡耐基培训课程，这种销售策略也被称为“猴拳结策略[①]”。毫不夸张地说，在数字化手段的帮助下，这一销售策略可以创造高达数百万美元的销售额，其效果十分显著！

● 个人心得 & 人生里程碑

这次经历让我明白了什么叫作“热爱”。热爱无须高声呐喊，无须激情澎湃，更无须昂扬宣战。热爱就是坚持到底、永不放弃——无论你从哪里开始，无论你正身处何方，也无论你遭遇了怎样的阻碍。所以，找到属于自己的路并坚持走下去吧！如果你还没有找到，那就为自己开辟出一条道路来。

> 热爱无须高声呐喊，无须激情澎湃，更无须昂扬宣战。

① 指商家不做过多广告推销，以价格较低的商品吸引消费者，降低其心理防线，进而推销价格更高的商品，以实现经济利益最大化。原指非洲等国家捕猎猴子的一种方式，通过将食物藏在一个开口相对较小的陶罐中，大小刚好足以容纳猴子的手，饥饿的猴子将手伸进罐中抓住食物，而无法再将手拿出，最终猴子因手腕上的陶罐而变成“残疾”，成了猎人的猎物。——译者注

不要第二方案

如今，我拥有一个由 11 辆车组成的车队，包括升降式货车、商务车、大型巴士等，举办活动时它们可以携带重达数吨的材料设备投入使用。而当时，我手中唯一的设备就是一幅活动挂图。

一幅活动挂图的售价仅为 99 马克，但因我无法将其运送到活动会场，所以选择咨询巴伐利亚饭店是否能够提供活动挂图。我得到了否定的答案（至少他们是这么回复我的），但他们可以帮我从其他服务商处租借一幅。说干就干，我们很快达成了协议。然而实际上，租金以及往返运输费用合计高达 140 马克。也就是说，租用一天的费用比买下一幅属于自己的活动挂图还要贵 41 马克。我当然可以选择订购一副活动挂图到活动现场，并在活动后将其留在酒店，但我可能还要为此支付一些清理的费用。

● 个人心得 & 人生里程碑

回想起曾经经历的点点滴滴，我意识到，职业生涯初期的我在很多方面都知之甚少。但这并没有阻碍我继续学习和发展。世界就像一个旋转木马，而我成功的原因，或许正是因为我从未选择过第二方案。与此同时，我会充分运用第三、第四、第五、第六、第七甚至更多方案，帮助自己顺利实施第一方案。我必须在我的角色中不断成长。

世界就像一个旋转木马，而我成功的原因，或许正是因为我从未选择过第二方案。

接受意外

在慕尼黑巴伐利亚饭店的黄色大厅，我带着租来的活动挂图迎接活动的开始。我站在人群前，发出了几声问候。我是如此兴奋、紧张而又激动！当我刚要说出第一句话时，我的一位助手突然慢慢地站了起来。他比我年长，是一个能在庆祝氛围里仍保持冷静的人。所以他站起来的动作并不像大家通常那样干脆，而是像慢动作电影一样——至少在我看来是这样。

他站得很高，房间里的每个人都注意到了刚刚站起来的他。我仿佛在每个人的脸上看到一个无形的问号（或许我的头顶上有无数个）："这是怎么了？他现在要说什么？"他直视着我的眼睛，用平静的语气干巴巴地说道："赫尔曼……"在一段感觉可以无限延长的停顿后，他平静地继续问道："赫尔曼，你今天穿的什么内裤？"

此时此刻，我完全不知该做出什么反应，是画十字祈祷、选择自杀、杀死那个讨厌的提问者，还是一言不发地离开这个黄色大厅，或者还有更好的选择——直接找个地缝钻下去！

我当然可以选择在培训开始不到 20 秒的时候，和他争论对我的内裤进行哲学探讨究竟有什么意义。但当时当下，除了回答他的问题我别无他法。当然，我还要向在场的其他人解释，为什么这个人偏要在这个时候问我内裤的事情。

我自己组织的第一次公开培训就是以这样的方式开场的。简直棒极了，对不对？顺便说一下，那天我穿着一条印有电话的平角短裤——一件令人羞于启齿的礼物。但事情怎么就发展成我不得不在所有人面前自爆隐私的地步？实话实说，开始的那一刻真的很尴尬，而我也并不想向我的读者隐瞒故事的原委。

在戴尔·卡耐基的培训课程中，我经常需要和助理以及一些志愿者共同工作。活动前，我曾召集大家召开一次简报会，为即将到来的活动进行讲解说明。从担任助理时我就知道，在这样的准备日里总会有很多闲聊的话题。因此，为了第二天能够取得圆满成功，我也和团队成员分享了一些我认为有用的信息。其中就包括一点：我要求大家穿着得体。“穿着不仅可以向外界展示一个人对他人的友善与尊重，还可以体现一个人的内在状态。”我继续解释道，我不明白为什么有的人会区分生日专属内裤以及其他内裤。我们难道不应该每天都穿着生日内裤，将自己打扮得像生日那天一样美好吗？“我们不应只为某一个特殊的日子或活动而精心装扮，每天我们都要将自己打扮得漂漂亮亮——甚至包括你的内裤。”就这样，内裤成了一个稀松平常的话题，也导致了第二天这个意想不到的尴尬场面。

● 个人心得 & 人生里程碑

回想起来，尽管一开始发生了意想不到的变化，但那天的活动还是很成功的。直至今天，我的生活中依然充斥着各种各样的变化与意外，但有一件事情始终不变：无论好坏，我总会从中学到些什么。事实上，一次失误并不意味着彻底失败，它可能只是迈向成功的必经之路。或许会议与活动本就需要从一些接地气的方面开始，或者至少从情感、开放的态度和惊喜开始，这样我们才能在开拓大家思维的同时，打开他们的心门。

> 一次失误并不意味着彻底失败，它可能只是迈向成功的必经之路。

初试锋芒：为西门子培训

最初，公司业务于我而言是一个完全陌生的世界。如今，人们称之为 B2B 业务，即企业与企业的商务往来。我曾对企业培训需求的庞大一无所知。举例来说，威利·赞德斯（Willi Zanders）的培训客户之一是西门子公司。当时，西门子并没有自己的培训部门，必要的企业培训都不是在企业内部进行的，而是外包给专业的培训机构，其中也包括戴尔·卡耐基培训。从那时起，我开始陪同我的导师威利·赞德斯开展各种培训课程。我开始意识到，培训原来可以如此简单。

培训其实就是不断地练习、重复与提升。因此，在培训过程中参与者被要求彼此之间进行密切互动，其程度远超大家的想象。许多演讲者认为，当他们提出问题并要求参与者举手作答时就是在互动。当然，这也是互动的一种。然而我们当时所进行的互动还包括轮流讨论与演示练习，每位参与者都必须完成这项练习，并向团队中的其他成员展示报告。简而言之：培训师可以组织 3 到 4 天的课程，而无须自己提供过多内容。一般来说，培训师只需要指导学员进行练习。粗略估计，培训师需要承担的内容大概仅占培训课程的 15%~20%，其余部分都由学员单独或分组承担。

需要明确的是：这绝不意味着这项工作会因此变得简单。鼓励大家参与并向他们解释任务内容、让大家理解并愿意执行这些任务是非常困难的。尤其当学员遇到困难的时候，鼓励他们坚持下去并再次尝试，也是一个巨大的挑战。因此一直以来我都对这份工作充满敬意。

直到某一天，我不得不面临一个问题：什么时候开始在西门子公司主导培训课程。然而，每当人们面对那些自己抱有崇高敬意的事情时，总喜欢一次又一次地说“不”，希望能过一段时间再说，直到自己变得更加自信、学到更多东西或最合适的时间点到来。这种显而易见的拖延战术在威利这里却很难奏效。所以有一天，他要求我在培训的第一天负责一部分课程内容的组织工作，其实也只是课间休息前的十分钟。好吧，我想，无论如何我会将这十分钟填满，我能够克服这个难关。于是我精神抖擞地站在学员面前，准备在这十分钟里贡献一场出色的表演。

我再次深吸了一口气，然后开始讲话。期间，我发现威利渐渐退到了人群后面，但我并没有多想，或许他只是想在幕后观察整个培训的进展。我永远都不会忘记那一幕，他向我友善地微笑着、简单地挥了挥手，然后离开了房间。直到课间休息时我才猛然意识到：他挥手不是因为他想把课间前的十分钟全权交给我支配，而是他打算就此离开，不再参与此次培训！所以接下来两天的培训课程都将由我一人主导。

何其残忍，但若非如此或许我永远不会主动“入坑”。我得以亲身学习和体验激励学员、解决困难以及培训和帮助他们进步的意义。就这样，我成了一名商业培训师，并不断地开展培训。我成为西门子公司的御用培训师，同时也为许多其他企业提供过培训。

• 个人心得 & 人生里程碑

那些永远等待“准备充足”再出发的人其实早已陷入

完美陷阱。死亡的发生概率或许都要比一个人感觉已经做足准备的概率要高。所以，鼓起勇气吧！

> 那些永远等待“准备充足”再出发的人其实早已陷入完美陷阱。

面对顾客，唤醒他的欲望

我迎来了一段美好的时光，并意识到我可以开始对杂货店的合作伙伴实施“报复”了。复仇计划的第一步就是终止合同。信件寄出的那一刻带给了我极大的满足，我感到无比骄傲！然而我忽略了，合同终止意味着退回未售出产品的权利同时消失，而我的仓库里还堆满着卫生用品。我花费了至少 8 年的时间才清理掉这些库存，但感觉却像 30 年一样漫长。这些产品实在很难销售，而直接把它们扔掉又会面临很多麻烦，所以每次洗澡时，我都会使用大量沐浴产品，以期能够尽早消耗掉它们。

复仇计划的第二步是买一辆保时捷轿车——或许是因为化妆品公司的销售人员也开着一辆这个牌子的汽车。我拨打了一个二手车商的广告咨询电话，对方巧妙的销售策略给我留下了深刻印象：简单地寒暄之后，他直接对我说，那辆保时捷 911 卡雷拉就在地下停车场，我可以和他一起去看看。在那里，他让我等他把车开出停车位后再上车体验。现在回想，我确定他非常清楚地知道自己这样做的原因。

我站在地下停车场里，面对着这辆保时捷跑车，心中满是敬畏、紧张、豪情和震惊。他坐进车里，启动了这辆保时捷 911 的风冷发动机。引擎发出嗒嗒的轰鸣声，声音的回响被墙壁不断加强、放大和反弹，最终势不可挡地钻进我的耳膜、侵蚀我的内心。这一刻，我对自己说："它是我的了！"

- 个人心得 & 人生里程碑

> 面对顾客，你必须唤醒他的欲望、准确把握需求，并推销他内心深处真正想要的东西。

我最重要的经验之一（不仅适用于汽车销售）就是：面对顾客，你必须唤醒他的欲望、准确把握需求，并推销他内心深处真正想要的东西。谁能让人起鸡皮疙瘩，基本上就已经赢了。或者换句话说：看见泪水，方有买卖！

决定成为演讲者

这辆性能极佳的新车很快开始充分发挥作用，因为接下来的每周日到周五，我都要在西门子公司开展培训，或者更准确地说，是在纽伦堡附近的一家乡村旅馆里开展培训。这家旅馆是此次培训选定的酒店之一，我已经在那里开展了 200 多次培训。培训期间我可以一直住在一间新婚套房里。而因为周六没有培训课程，所以当天准备在我们的培训室（实际上是宴会厅）举办婚礼的新婚夫妻正好可以在套房里过夜，多么完美的安排！

与此同时，我还一直经营着我的杂货店，需要时不时回去看看。此外，我还经常需要在晚上赶往慕尼黑参加戴尔·卡耐基的活动。下午 5 点在阿德尔斯豪森结束培训后，我要在下午 6 点到达慕尼黑。时间压力显而易见，每天我都在与时间赛跑。如果想要准时到达，我甚至连停下来加油的时间都没有。所以我养成了在午休时间处理事情的习惯，除了加油，我还可以打电话与顾客交流或确认红酒订单，当然还包括准备下一阶段的培训课程、活动挂图以及其他必须筹备的事情。

所以我经常会坐在某个会议室的厕所里试图同时完成所有事情：坐在马桶上，狼吞虎咽地吃掉一个三明治，同时打着电话等。

这就是我多年来的生活：上午组织培训，充分利用午餐时间处理事务，然后快速给车加油；下午同样是培训，然后驱车前往慕尼黑，在那里再次开展培训，并在结束后返回纽伦堡，尽可能在凌晨一点半左右（甚至更晚）精疲力竭地入睡。长达两年的时间，我几乎一直待在乡村旅馆的宴会厅以及新婚套房里。此后，我决定暂时从西门子的培训中退出，以便有精力继续开展其他培训。

在戴尔·卡耐基培训机构工作多年后，我希望能与其他演讲者共同举办一次活动。我选择了亚瑟·拉森（Arthur Lassen），作为欧洲最知名的激励师和管理培训师之一，当时他正因《今天是我最美好的一天》一书闻名遐迩。他致力于展示和培养每个人身上的美好与可能，帮助大家生活得更加轻松、愉快、健康和成功。多年来，他振奋人心的培训课程和引人入胜的实用讲座激励了德国、奥地利、瑞士、大加那利岛和美国的无数参与者。亚瑟和他的书都很受欢迎，甚至可以说是家喻户晓。我总会在地下室存放几十本甚至几百本他的书籍。因为当时我还没有出版自己的书，所以我很庆幸可以用他的书进行销售。

亚瑟的单日报酬是税后 5000 马克附加差旅费，而那天我只招募到了 50 名参与者，由此可见这是一次难度极大的冒险。尽管每位报名者都会支付 99 欧元的报名费，但任何人都不难算出，这些报名费甚至还不能覆盖演讲者的出场费用。更遑论我还要承担和考虑整个活动的组织、销售、采购、酒店和餐食费用以及盈利收入。所以很明显，这将是一次亏本的买卖。我感到很憋屈，因为我已为此投入了如此多的精力、心血和时间。毫无疑问，活动结束后我口袋里的钱会比之前只少不多，但我选择将这一切都抛诸脑后，活力满满地度过这一天。

下午 1 点到 2 点，亚瑟·拉森如期举办了他的演讲。期间，他讲了几个有趣的故事和笑话，和参与者一起做了练习，最后在现场雷鸣般的掌声中与大家告别。平均每位参与者购买了两本他的书籍，当时他每本书的售价约为 50 马克。也就是说，仅靠图书销售阿瑟就得到了 5000 马克的收入。最终的结果就是，我的演讲者带着 1 万马克满载而归，而作为活动组织者的我却入不敷出。好吧，祝我好运……

天知道那一天我有多么辛苦！从上午 9 点到中午 12 点、从下午 2 点到 5 点，为了让参与者能够有所收获和启发，我像陀螺一样忙得不可开交。而亚瑟只在舞台上待了 60 分钟，却得到了更多的掌声和金钱。

● 个人心得 & 人生里程碑

那天晚上，我意识到培训师和演讲者之间存在明显的差异，而我也想跻身亚瑟·拉森的行列。几年后他已成为一名真正的演说家：2000 年 9 月 13 日，他举办了人生中的最后一场演讲，题目是“今天是我最美好的一天”。也是在那场演讲中，舞台上的他永远离开了我们。

> 成功的关键是不满足。

这让我明白，人生从无上限。有些人认为，感恩是幸福的关键，我完全赞同这一点。但就成功而言，不满足才是关键。或许正如美国人所说的那样："要保持饥饿感。"

坚持不下去怎么办

20 世纪 90 年代末，在我刚刚步入演讲行业时，许多业内大师都已声名鹊起。他们有时会收取极高的费用，所以他们很富有，可以买得起任何他们想要的东西。我也想得到这一切，可对于一个没有学历却怀揣梦想的年轻人，关键问题是：如何实现这些梦想？

我知道所有这些伟大的人都写过书，所以我想我也应该拥有一本以我署名的书。但具体应该怎么做呢？我该怎么去写一本书呢？我应该写些什么内容呢？我对此一无所知。绝望的我甚至曾经去找占星师寻求答案。

我坐在占星师面前，希望从他那里知道我是否具备成为一名作家的潜质。在这次极其昂贵的谈话过程中，他告诉我在写书方面我有着很好的星座运势，这说明我是有可能做到的。很好，这正是我想听到的回答！"但是"，他直言不讳地继续说道，"你无法写书。"这到底是什么意思？显然我心里的问号也在我的脸上表现了出来，他立即解释道："谢勒先生，你是一名创造者、先锋、行动者和实干家，却不是终结者。你喜欢开始，却讨厌结束。"

他说得太对了！那一刻我感受到了莫大的认同感！这位占星家说出了我永远不会宣之于口的话：我真的没有办法坚持某件事情到最后。就连我的父母也总是指责我从未把一个游戏玩到最后，或从未坚持制作完成某样东西。

就像很多事情一样，富有是美好的，却令人疲惫；苗条是美好的，却也是一种折磨；成功固然美好，却艰难棘手。拥有一本属于自己的书并构思一个绝妙的标题，想来也的确令人激动，但真正写下它或许将是我一生中最可怕的事情之一。

就在我准备听天由命、放弃写书时，他话锋一转，又为这件事带来了积极的转折。“其实你可以选择智取。”他说道。我立刻竖起了耳朵。他继续说：“一次只写一章。你的自律和专注足够支撑你写完一个 15 或 20 页的章节。每写完一篇，再开始下一篇。当你手中已经积累了十二个章节的文章时，你就拥有了一本书。”如他所言，我开始以单章的形式书写我的第一本书。其余的十一章甚至并非我本人所写，而是邀请了几位大人物来共同参与。

我的计划是：如果一本书是由 12 位大人物共同署名发表的——严格来说是11位大人物和微不足道的我，那么它会给人一种印象（尽管并不合理），即我也是大人物中的一员。就这样，文集《向最优秀的人学习》于 2001 年出版上市，我贡献了其中近 20 页的内容，其余部分则由其他 11 位大咖填补。现在看来，我竟然是我第一本书的作者和编辑，回顾当时的情况，这本书甚至不可谓不成功。

顺便说一句，我至今仍保留着这种写书的基本方法。由于我的专注力和耐力都没有什么长进，所以我一次只写一章，然后再写一章，就这样不知不觉地写完一整本书。正因如此，书中的章节往往分布得十分随意，不得不承认的一点是，我的大多数书籍都没有明确的脉络和标准，缺乏清晰的结构和严谨的逻辑。就这一点而言，我认为这本书（以及其他几本书）与我的大多数书籍有所不同。尽管书中的大多数章节会或多或少地缺乏关联性和逻辑性，但以《幸运儿》《寻宝者》和《焦点》三本书为例，作为登上《明镜周刊》的畅销书籍，它们也都取得了不错的成绩。幸运的是，我的书并没有遭受很多批评，即便有，大多也都是关于缺乏明确的脉络和结构以及稍显随意的章节排布。

● 个人心得 & 人生里程碑

要坚持做自己。与其花费一生的时间去消除我们的弱点，不如顺其自然、继续前进，不断发扬我们的优点。最伟大的艺术在于接受自己的不完美。

> 最伟大的艺术在于接受自己的不完美。

不期而至的巨额债务

在我父亲 70 岁时，他对我说："赫尔曼，是时候把遗产交给你了。"我觉得很惊喜，回答说："父亲，您的决定让我感到十分高兴。"他向我解释说，遗产包括一家杂货店和相关房产，总价值约为 100 万马克。听起来真不错！但后来他的声音开始颤抖，结结巴巴地向我坦白说：除了房产，我还会继承与之相关的所有负债和欠款，金额高达 480 万马克。嚯！相信此时很多人会反问自己：我为什么要承担这样的事情？但至少对我来说，这无法用逻辑解释。或许是因为亲情，或许是出于对爱的渴望，但除此之外，它还混杂着很大一部分的过度自信，以及纯粹的无知和愚蠢。因此，33 岁的我开始背负近 500 万马克的巨额债务。

如果你像我一样从未处理过如此巨额的钱款，你会如何面对这么多的债务呢？我不知接下来该做些什么，并且可能经历了遭遇危机的四个典型阶段。首先是震惊，心中一片兵荒马乱；我感到浑身无力，并试图极力否认现实和我所面对的危机现状；我完全无能为力，就在那里枯坐了几天，直到现实逐渐渗入我的意识——混乱的情绪从恐惧到无助再到失控；然后我就开始像疯子一样工作。在此期间，我自以为取得了很大的进展并能够有效地减少债务，然而噩耗很快传来。辛勤工作了大约两年后，银行打来了电话，他们首先肯定了我所付出的巨大努力，但如果我继续以这个速度工作下去，我还需要 137 年才能还清债务。这意味着我的孩子，甚至我孩子的孩子，都会背上债务的负担——这对我来说是完全不可接受的。

当时的我不知道有什么其他方法可以摆脱如此高额的债务。我不知道可以申请破产，身边的店员或朋友也从未建议过这条解决方案。或许在某些人看来这简直愚不可及且难以置信，但即使当时知道还有这样的选择，我想我也不会甘心选择破产。尽管很天真，但这毕竟是我通过公证合同自愿接受的债务。所以，还清这如山的债务也是我自己应负的责任。但很显然，我作为杂货商和培训师的收入短期内不足以还清债务。所以从那时起，我就成了一名经营着一家杂货店的演讲者，或者更确切地说，我是一位想成为真正演说家的杂货店老板。

接下来的一段时间里，我完成了一些演讲任务，但从各个方面来看，我的付出远多于收获。当然，此时距离我决定成为一名演讲者还没过多久，而这个看似完全疯狂的决定却给我带来了巨大的痛苦、忧虑以及失败。但事实就是如此，我必须清醒面对。我当时的女朋友目睹了发生在我身上的一切，负债累累的杂货店以及与成功没有半点关系的演讲事业。

有一天，她问我道：“赫尔曼，你此生真正想做的是什么？”

我不知该说些什么，于是回答说："我想出名。"

她只是摇了摇头，表示对此无能为力。几天后，她从我的生活中彻底消失了。

其实我并不想出名。成为明星、拥有粉丝或追随者从来都不是我的目标，那不是一个我可以理解的世界。但我当时脑子里浮现的唯一一个词就是"出名"，它是对我真正想成为的人的一种替换描述——这正是今天的我，在为更多的人做些什么，正如我在本书中所描述的那样：我希望能够起到定位的作用。我想站在一个足够醒目和重要的位置，因为只有这样我的顾客才能看到我。我想在我的行业里广为人知，像灯塔一样为别人指明前进的方向。

> 我想在我的行业里广为人知，像灯塔一样为别人指明前进的方向。

2012年，我在德国出版了第一本关于演讲行业的书籍，书名是《成为超级演说家的道路》。该书在奥地利、瑞士和德国引发了一场革命，同时也为这一新兴行业的发展奠定了基础。但由于演讲市场几乎从未得到开发，也几乎没有人对此有经验可言，更遑论愿意分享他们的经验了，所以当时的我只能通过不断试错、用自己的惨痛教训来获得这些宝贵的知识。我一直乐于拜访各种顾问、教练和专家，因为我相信他们一定可以在某种程度上带给我帮助。

- 个人心得 & 人生里程碑

占据有利位置是非常重要的。对于这一点，现在的我已深刻领悟，但当时却还不太清楚。如今我已明白，市场运行自有规律。只要懂得原理，开辟市场就会像临摹画本一样简单。这正是我多年来能够为许多人提供建议和支持的原因之一。他们中的许多人都找到了属于自己的杆位（有利的起始位置），并已重新出发。

> 如今我已明白，市场运行自有规律。只要懂得原理，开辟市场就会像临摹画本一样简单。

演讲行业蓬勃发展

近年来，演讲行业迎来了蓬勃发展。这或许听起来很难以置信，但我可以证明，这是真的。或许对许多人来说，更合乎逻辑和更容易接受的说法是：演讲行业也遭到了毁灭性的冲击，许多活动和研讨会被取消，并在短时间内无法顺利举办。同时，很多人也完全无法相信，演讲者可以创造数百万美元的销售业绩，且演讲市场是一个数以十亿计的巨大市场。我经常遇到这样的场景，即使我明确提供了成功的案例，许多人仍会摇着头说：“这不可能。”

问题的关键在于：当人们相信某件事不可能发生时，他们甚至不会去尝试——比如开启演讲生涯，而正因为他们不会去尝试，所以至少在他们的生命中这件事就不会发生。所以最终在他们眼中，他们的判断都是对的，因为他们已经成功地说服自己，这一切都不可能是真的。在我看来，这样一个典型的自说自话的预言和信念是毫无意义且不应存在的。

在某些特殊时期，相当一部分的演讲者、教练、顾问和培训师以及想要进入这一行业的人，都受到了负面氛围的影响。他们哀叹无法再提供培训、指导、演讲和训练，然后龟缩不前、被动等待。他们不断地抱怨，并对现状感到悲伤或愤怒。可想而知，最终他们没有得到任何订单，所以他们的预言成真了：他们无法继续从事这项工作。

然而同一时间，包括我在内的许多人，都接到了比以往任何时候更多的订单。根据我的经验，B2B 业务领域（即公司邀请演讲者和专家为员工或客户提供培训的经典领域）的需求总体有所增加。显而易见的趋势是：人们对现场活动的渴望是巨大的。

在此，我想列举一些原因，来解释为什么我们正在经历并将继续经历演讲市场的繁荣。当然，所列内容或许不够完整，但足以帮助大家初步了解个中缘由。

1. 人们的交流需求

第一个原因可以说是老生常谈了，人们存在基本的交流需求。老板需要与员工对话，销售人员需要与客户沟通，交流的重要性一如既往。可以说，就这一点而言并没有什么变化。

2. 特殊时期，人们需要更加频繁地交流

特殊时期，人们应该且必须进行比平时更多的交流，就像以往发生危机时一样。法律草案和规定几乎每周都在更新，因此从逻辑上讲，人们更需要就如何应对当前不断变化的新情况进行交流。

3. 必须改变交流渠道受限的现状

居家办公期间，人与人之间仍需要沟通和交流。许多办公室会议因封锁政策而取消，所以很多人都没有办法在咖啡机前、走廊里

或其他任何地方停留，并进行简单的日常工作交流。

而这些都是外部演讲者可以利用或至少提供交流的机会。通过阅读下面的第四点原因你会发现，整件事情因此而变得更加有趣，事情的发展也变得更加合理。

4. 危急时刻，所有人的斗志都会迅速减弱

一方面，我认为在危急时刻，很多人并不会爆发高昂的拼搏意志；另一方面，事实证明，尽管居家办公或许在某些人看来很美好，但很可惜，这种工作模式并不一定有助于激发“我要在这次挑战中与同事们一较高下”这样的动力。在这种情况下，主题演讲或演讲嘉宾带来的立志短篇故事都能帮助大家保持高昂的斗志。而且通过云视频会议连接某位特邀演讲者举办线上活动要比线下活动更加经济实惠，它能够提升居家办公的工作斗志，避免意志消磨和销售额下降。

5. 团队交流至关重要

演讲者、顾问和培训师往往都不会受邀为整个公司的所有员工提供培训或演讲。以大型企业为例，公司中不同的领域或部门会有相应的负责人和团队来为他们所在的部门或团队预订演讲者或其他类型的专家讲座，涉及的主题十分广泛。

6. 保持惯例

如果一家公司会在每年的一月份举办一次活动，那么它很可能会在明年一月份再举办一次，无论其是否处于危机之中。

比如，许多企业都组织了“虚拟圣诞节”活动，以避免员工度

过一个悄无声息的圣诞节。很多供应商都会承接“圣诞在身边”之类的活动，他们会邮递圣诞日历、啤酒、饼干和热红酒到员工家中。在此类活动中，部门经理、公司主管以及其他管理者并不会长篇大论地发表讲话，他们会简短地感谢大家的出色配合，祝大家圣诞快乐，并在屏幕里与大家举杯共饮。当然，很多公司的活动并不会仅限于此，和线下活动一样，他们还会邀请外来的演讲者和专家开展一系列团建活动，以增加活动的娱乐性。

7. 危机缔造新的惯例

与此同时，我们发现此类事情也可能成为创造新惯例的契机。为什么不去开创一些新的形式呢？或许可以尝试创办一个“收工啤酒局”，把上千名员工、特邀演讲者和下班后的啤酒结合在一起，去尝试一些全新的体验。

8. 更短的发言时间和更大的数量需求

在面对面活动中，演讲者的可支配时间通常为 90 分钟，这是两次休息之间的典型演讲时长。有时也可能只有一个小时，甚至更短。尽管如此，线下活动中每位演讲者的可支配时间平均约为一小时；而在线上活动中，这个数字要小得多。尽管目前还没有经过验证的明确数据，但一家演讲机构曾向我透露，每位线上演讲者的可支配时间约为半小时。

这意味着，如果活动组织者想要填补一个小时的活动空白，他会在线下活动中预约一位演讲者，而在线上活动中预约两位演讲者。由此可见，演讲者的数量需求比以前增多了。

9. 新的学习领域的出现

人们在特定情境下应该采取怎样的卫生措施？如何应对居家办公？面对从未使用过的各种数字媒体，我们该如何自处？危机引发的各种变化向我们提出了一个又一个需要解答的问题。通过传授知识、分享经验以及提供特定领域的专业知识可以解决这些问题，专家、培训师以及演讲者能够在这个领域发挥很好的作用。

10. 许多企业都充满好奇并愿意学习

我相信，很多公司都很好奇应该如何适应当前的数字化发展趋势，它们曾公开表示："我们有意愿去尝试和体验新的运行模式。"多数公司都无法再对数字化发展无动于衷，因为他们的竞争对手已经一拥而上并开始学习。尽管我相信很多人都只是抱着试一试的心态，但即使这只能帮助他们丰富学习曲线的统计数据，也是值得一试的。

11. 数字活动节省差旅成本和开支

最后一点原因在于节省差旅费用。显而易见的是，一家在德国拥有 500 名销售人员的公司必须支付 500 人参加现场活动的交通费、住宿费以及行程中产生的其他费用和因活动产生的加班费等。这些巨大的成本支出可以在数字活动中节省出来，包括演讲者的出场费也可以在一定程度上有所节省。从某种意义上来讲，活动参与者和演讲者的体验感会有所下降，因为他们所看到的世界缺少了很多活力和色彩。但从经济角度出发，这样的选择是可以理解的。

● 个人心得 & 人生里程碑

尽管听起来有些残忍，但事实却是：一些人选择在危机时刻畏缩不前，而另一些人却为自己奠定了新的成功基础。从商业角度来看，这没有任何问题。每一个所谓的难题可能实际上都代表着一种新产品、一项新服务、一家新公司以及一个新机会。

> 一些人选择在危机时刻畏缩不前，而另一些人却为自己奠定了新的成功基础。

创建属于自己的人生清单

2005 年，史蒂夫·乔布斯（Steve Jobs）在斯坦福大学的一次演讲中说道，人生中的许多事乍看之下似乎毫无关联，直到很久之后才会发现其中自有深意：“我们无法预知事物之间的关联，只有在回顾时才能将一切联系在一起……我们必须相信一些东西——直觉、命运、人生以及因果循环等。这种方法从未让我失望，并给我的人生带来了巨大的变化。”乔布斯拿自己举例说，大学时的他在仅仅入学 6 个月后就选择了退学，此后因为非常喜欢校园里的海报而选修了书法课程，并决定以后完全根据自己的兴趣来选择课程。当时的他并不知道这些知识会对他未来的生意有所助益。直到十年后在苹果公司里探讨设计、字体和样式时，他才意识到其中的关联：“如果我没有在大学选修那门课，那么苹果电脑或许永远不会设置多种字体样式和字体间距。”

现在，你已经对我的一些人生经历和心得体会有所了解，接下来轮到你了：认真回顾你的过去，并用你认为最重要的人生里程碑和个人心得创建属于自己的“人生清单”。

人生里程碑——如何创建个人简历

人生里程碑其实是一份内容更加宽泛和丰富的个人简历：目前为止你已经历了人生的哪些阶段？参加过哪些职业培训、继续教育或个人深造？你已经攀登上人生中的哪些高峰、取得了哪些成就？哪些事情对你来说特别重要？一生中你曾做过哪些让自己感到自豪的事情，或者至少在别人看来值得自豪的事情？对你自己、你的老板和公司来说，哪些事情是值得庆祝的？你和你周围的人特别看重哪些成就？

一位美容师曾向我咨询，应该如何更好地展示自己以吸引更多顾客。在寻找她的人生里程碑时，除了一些她的许多同事也已经获得的职业证书外，我并没有发现什么有价值的信息。后来，我发现这位女士在盛装舞步[①]马术运动领域获得过很多奖项，她甚至拥有一个欧洲顶级马场。所以我要求她将这些成就作为人生里程碑纳入自己的个人资料中。乍一看，她在马术运动领域取得的成就和作为马场老板的个人经历似乎与她作为美容师的工作没有直接关系。但是，这些却代表她已经具备了取得成功的重要基石，即专业性、纪律性和突破性。

一位学员在参加过我们的“黄金计划”课程之后联系我说，他并没有成为令人瞩目的社交媒体专家。对于一位社交媒体专家来说，这实在是令人无法理解。所以我尝试在社交媒体上寻找，并且找到

① 盛装舞步又称花样骑术或马场马术，是奥运会比赛项目之一。骑手头戴黑色阔檐礼帽、身着燕尾服、脚蹬高筒马靴，伴着悠扬舒缓的旋律，驾驭马匹在规定的 12 分钟内表演各种步伐，完成各种连贯、规格化的动作。——译者注

了他。但在他的社交平台上我只看到了他对乐高的疯狂热爱，他所热爱的不是某个简单的乐高积木，而是由 7000 多个零件组成的太空堡垒卡拉狄加[①]，只有经历数天的细致拼接才能完成它。

我打电话对他说："如果你整天坐在乐高积木前，毫无疑问，你将不会成功。"他回答说："但是我玩得很开心！"

所以我建议他成为一名乐高专家而不是社交媒体专家。这位年轻人也确实这么做了，虽然这只是我半认真的建议。而这条建议在他身上完美地奏效了！如今，作为乐高专家的他利用已有的社交媒体专业知识不断提高自己在乐高领域的知名度，并短时间内在短视频平台上获得了超过 30 万名粉丝。是的，即使在这里也有可以创造利润的市场。也就是说，这一点适用于所有事情，包括你对自己未来的设想！

个人心得——值得铭记的重要时刻

个人心得是你曾经获得的某些经验，无论是积极的还是消极的，它们共同塑造了现在的你。相较之下，也许你会从失败中学到更多的东西，因为没有得到心中所求的挫败尤其让人印象深刻。有时，别人的见解或评价可能会带给你指导性或启发性的帮助。

举例来说，如果你是一名服务行业的专家或一直对服务业很感兴趣，那么你的脑海中一定积累了很多成功或失败的服务案例。那么，你可以以关键词索引的方式将这些内容收集在一起。它可以是您在一次以服务为主题的演讲中受到的启发——即便只是一个例子、一句话，或是在活动结束后进行的有趣讨论。所有这些发现都可以

---

① 指美国军事科幻电视剧《太空堡垒卡拉狄加》（*Battlestar Galactica*）中的战舰卡拉狄加。——译者注

被用作你的讲座、通告、出版物或其他媒体产品的一部分，以帮助自己获得人生规划中的杆位。

以下是我曾经历过的两个稀松平常却对我影响深刻的故事，经过一定程度的修饰后，我曾在讲座中多次引用它们。

有一次，在我去购买新衣柜时，我发现当有人以粗鲁、无理的方式大声要求折扣时，他们的诉求很少会得到满足。为了避免更多的人因此要求同样的折扣，卖家不得不拒绝此类请求。但在同一家店铺里，当有些顾客以礼貌、冷静的方式非常小声地提出打折的需求时，他们往往会得偿所愿。我的结论是：成功的谈判往往是安静的。这样一个小小的经历，搭配恰当的叙事风格，就可以成为你讲话中的一个非常特别的故事。

我的第二条个人心得来自一位朋友的父亲。当时他说了一句令我印象深刻的话："只要他不脱掉身上的蓝色工装，那么一切都绝无可能。"他的意思是，他未来的女婿—— 一位每天穿着蓝色工装忙来忙去的天赋型手工艺者，如果他不能全身心投入到公司事务中，他将很难接管家族企业。企业管理需要的不是一位身着工装的蓝领工人，而是一位西装革履的白领精英。那一刻我突然意识到，体力劳动很少能带来丰厚的报酬或个人的进步，因此我决定要最大限度地减少自己人生中的体力劳动量，甚至最好能够完全避免。我想全身心投入到那些能以更少的体力付出获得更多的利润收入的事情上去。

现在回顾一下人生中曾带给你收获的每个瞬间，并写下你的个人心得和经验总结。你的生活中有哪些具有启发意义的片段？你是否已经意识到它们与促进你的事业发展、帮助你占据杆位之间的关联？

第 2 章

寻找合适的定位

市场定位与独特销售主张

在欧洲多所大学任教期间，我经常与同事、讲师以及教授们争论独特销售主张或独特卖点（unique selling proposition 或 unique selling point，简写 USP）的意义。“在营销和销售心理学中，USP 理论强调寻找并陈述产品的独特之处，使其在竞争对手中脱颖而出。”直至今天我一直认为，在许多情况下，尤其在演讲领域，独特销售主张是相当有害的。

这一观点可以说引来了不计其数的讨论、否定和反对。几乎在所有的营销手册中，USP 理论不仅得到了广泛的认同和探讨，还得到了人们的热烈追捧。许多专业文献甚至声称，没有独特的销售主张就无法开展业务。而现在我提出了完全相反的观点：独特销售主张很难帮助你实现盈利。

那么，我们现在所探讨的究竟是什么？为什么很多人都在问：“你的独特销售主张是什么？你代表着什么？”独特销售主张是你

独特销售主张是你认为自己所必须具备的、能够将自己与其他人区分开来的独特之处。

认为自己所必须具备的、能够将自己与其他人区分开来的独特之处。但为什么一定要找到所谓的独特销售主张呢？与这边街角的面包店相比，对面街角的面包店是否真正具备什么独特的卖点？与星巴克相比，其他咖啡公司是否真正具备自己的独特销售主张，反之亦然？如果是的话，这真的与销售或利润挂钩吗？宝马与奔驰、奥迪或其他任何汽车品牌之间的真正区别是什么？它们最重要的功能难道不是在你的驾驶下把你从A地点运送到B地点吗？

当然，面包师的定位与屠夫不同，因此，如果你愿意的话，作为面包师的你就具备了一个能与屠夫区分开来的独特卖点。虽然一定程度上确实如此，但假设一下：如果面包师在制作面包的过程中增加了香肠作为辅料，那么香肠卷就可以成为新增的产品系列，满足顾客对于丰盛下午茶的多样化需求。而只要能够适配更多需求，我们就能满足多样化的客户群体。所以你可能会问：那么究竟是哪里出了问题？

我觉得很有趣的是，竟然会有这么多人把自己设想得如此渺小，以局限的定位和差异化分工为自己设限，即使有明确的证据表明，市场上的行业巨头并没有做到这一点。以演讲行业为例，知名演说家们并没有独特的销售主张和局限的市场定位，他们涵盖的主题范围很广。而且我认为这一点也适用于其他行业领域。

我觉得很有趣的是，竟然会有这么多人把自己设想得如此渺小，以局限的定位和差异化分工为自己设限。

精确，再精确——过于精确

设想一下，有这样一位专业摄影师，他决定不再像从前一样拍摄所有主题，而只专注于人和动物。后来他想，现在有这么多摄影师都在拍摄人物照片，所以他决定以后只拍动物。他还向一位专家请教应该如何寻找自己的定位，并得到了要精确定位的回答。摄影师意识到，动物的品种纷繁复杂，所以他决定只专注于对猫的拍摄。但不知为何，他的事业并没有像他所希望的那样取得积极进展。他再次寻求了专家的帮助，并决定进一步缩小他的目标受众范围，最好是一个精确至极的目标定位——他决定只拍摄正在怀孕的红色母猫。

假设这位摄影师最终取得了成功，并成为世界上最优秀的怀孕红色猫咪摄影师，因为他发明了一种方法，可以生动形象地展示出怀孕母猫腹部与其他皮毛间红色的细微差别。没有人能像他一样做到这一点。到目前为止，一切都很好。但是，有多少拥有一只怀孕红色母猫的潜在客户想要给自己的宠物拍照呢？为了赚钱，他必须迅速转向资本密集型客户，比如迪拜的酋长，他们愿意花费数千欧元邀请一位特殊的猫咪摄影师来为自己的宠物进行拍摄。你已经注意到：定位越精确，成功的可能性就越低。

解决方法其实很简单：更广泛的定位会帮你回到成功之路上。

多年来，很多人向我咨询销售的相关问题。我将他们中大多数人的财务问题归结于对自己过于狭隘、具体和极端的定位，以至于将自己置于市场的边缘地带。解决方法其实很简单：更广泛的定位会帮你回到成功之路上。这个方法的另一个优势在于：范围越广，收入越高。

广泛定位，无限可能

在一次为销售行业培训师和演讲者举办的咨询活动中，我们谈到了“定位”这个话题。我曾问大家，他们所从事的专业领域是什么。我得到的答案包括销售管理、客户开发、硬性营销、触觉营销、爱心营销、运动及动觉营销等。有趣的是，每个人都为自己设定了某种特殊的定位。我对这个行业可以区分如此之多的销售类型而感到非常惊讶，所以我迫不及待地问出了下一个问题：“你们中究竟有谁只是单纯做销售主题呢？”

众人皱起眉头，人群中一片寂静。“市场上已经有很多人都在做销售主题了啊……”，陆续从不同的方向传来这样的声音。“哦，是吗？”我问，“那么‘很多人’究竟指谁呢？”

然后我听到了一些完全名不见经传，自然也并不为人所知的名字。“如果你们中有人愿意选择‘销售’作为主题，那就太好了。”我建议道。然而很显然，在场的大多数人都无法真正理解这样做的意义，直到一位自称“欧洲最成功的销售培训师”的人出现——德克·克鲁特（Dirk Kreuter）。通过将自己的培训主题简化为销售或营销，他的知名度实现了极大的提升。他曾在一本书中描述自己当时的受欢迎程度堪称“顶流”。这种弹性极大的主题选择使他成长为今天这样一位巨星，很难相信，最初的他也只是一名很普通的培训师。

成功的秘诀如此简单，甚至让我觉得有些不值一提。在我看来，德克·克鲁特的成功并不奇怪。因为他在将自己的商业主题设定为B2B业务领域的“销售和营销”的同时，也在“成功”和“心态”等相关主题上进行了延伸和拓展。克里斯蒂安·比绍夫（Christian Bischoff）和托比亚斯·贝克（Tobias Beck）的成功经验证明，这种做法在 B2C（商对客）业务领域同样奏效。作为生活辅导师，克里斯蒂安教会了大家“做自己”的生活艺术，托比亚斯则聚焦“自在生活”和“解放自我”，为希望在生活中获得更多成功的人们提供有效的建议和辅导。他们的共通之处在于广泛而非精确的自我定位。这也正是为什么他们的选题切中了这么多人的需求并能起到一定的积极作用。

那么，广泛定位的优势究竟在哪里呢？答案其实很简单：大多数需要聘请销售培训师或活动演讲者的公司，都不需要对方提供特别针对性的专业知识，他们只想了解销售相关的基本内容。很少有公司会明确要求：“今年我们需要举办一个关于硬性营销的主题演讲，因为我们要进行硬性推销。”然后第二年他们改变主意说：“伙计，去年我们对客户太强硬了，或许我们需要采取一些温和的方法。我们需要一场关于运动机能或触觉营销的讲座。”事实上，他们只是需要每年都举办一些关于销售主题的科普性讲座，讲座中所涉及的内容不能太少，但最重要的是不要过于专业和具体。

有时，为了在某个利基市场中脱颖而出，精准的市场定位是有必要的，但在取得一定成绩之后就应适时放宽定位。

有时，为了在某个利基市场[1]中脱颖而出，精准的市场定位是有必要的，但在取得一定成绩之后就应适时放宽定位。举例来说，如果一个人正在寻求个人突破并且掌握了盲文，那么对他来说比较合理的选择是将自己的市场优先定位在盲人服务方面。又或者对于一位致力于做好市场营销的手工艺者而言，更快实现目标的方式

[1] 一个特定且小众的市场，一般指在大市场中被忽略的某些细分市场，也被称为缝隙市场或针尖市场。——译者注

是首先将这门手艺教给更多的人，并借此进一步扩大可服务的目标受众范围。

广泛定位，更多收益

当然，专业人士也可以在许多领域开辟属于自己的小众市场。比如我的一位客户，瑞士邮政，就非常喜欢触觉销售相关的主题讲座或活动——对邮局来说这确实非常合乎逻辑，因为相较于电子邮件，纸质信件是一种更具触觉倾向的产品。于是我向他们推荐了卡尔·维尔纳·施密茨（Karl Werner Schmitz），一位专门从事触觉销售及其辅助工具开发的培训师。然而，即使他在自己的领域里很成功，但由于他只专注于某个小众的利基市场，他的客户群体仍小于德克·克鲁特的目标受众。这就是市场的本质规律，我们必须清楚。

然而，这并不意味着我们要避开所有的专业知识和特长，只是不应将他们视为最优选。即使我们将个人市场定位于“销售”，我们也可以涉足触觉领域。我们的基本定位应该是广泛的，因为这意味着更广阔的潜在受众和更高的个人收入。

这一点在演讲行业尤为重要：观众规模与演讲费用相互影响。也就是说，如果聘请演讲者的费用较高，许多组织者会试图号召更多参与者前来参加活动，以降低演讲的人均成本——尽管这个数字与演讲者实际关联不大，但一些公司会下意识将这个数字纳入考虑范畴。同样，那些能够吸引大量参与者并擅长与大型团体打交道的演讲者，往往可以收取更高的费用。

假设你是某个税法专业领域的税务顾问，并享有该领域的正高级职称。那么对小部分目标群体而言，你是非常有价值的，因为你的专业知识恰好满足了这个目标群体的需求。但是，这类专家讲座的出场费用往往较低，同时还要面对同行的挑战和质疑。在这样一群观众面前登台演讲可能不会有太多乐趣。究其根本，在同行面前演讲或许并没有很大意义，因为他们的临场表现往往是不配合的，并且带有竞争意识。与之相反，并非税务顾问出身的亚历克斯·杜塞尔多夫·费舍尔（Alex Düsseldorf Fischer）通过《比盖森一家[1]更富有》一书向大家展示了合理节省税务开支的方法。书中深入浅出、通俗易懂的讲述方式吸引了大量的关注和讨论。通过这种方式，费舍尔利用两个周末开展的线下及线上研讨会，轻松创造了数百万欧元的销售业绩。

在我看来，万无一失的选择就是设置更广泛的主题定位，并根据客户（群体）的需求进行调整。

在我看来，万无一失的选择就是设置更广泛的主题定位，并根据客户（群体）的需求进行调整，即私人订制。例如，作为沟通培训师的你通常情况下会提供沟通培训。但如果验光师协会找到了你，你就可以提供“验光师沟通培训”，如有必要，你还可以根据行业需求改编一两个例子。这种定制化内容可以向客户表明，你也可以为该行业提供培训，而无须寻找专门从事该行业相关主题的其他培训师。

主题维度越广越容易共鸣

维也纳的玛蒂娜·卡普拉尔演讲中介是奥地利乃至整个欧洲规模最大的演讲中介机构，该机构举办的演讲、咨询以及各类活动遍及欧洲 18 个国家和地区。机构的所有者玛蒂娜·卡普拉尔（Martina

---

① 源自德国电视节目《盖森一家》，节目记录了真实的百万富翁家庭——盖森一家奢华的生活方式和居住环境。

Kapral）是我非常认可的一位演讲专家。我特别喜欢引用她关于演讲市场的一条重要言论："主题维度越广，演讲者越容易传达自己的想法。"这句话一语中的，因为定位越精确，相应的市场需求就会越低。

大多数活动的参与者都是非常多样化的。通常情况下，至少在大型活动中，参与者都有着不同的兴趣和需求。虽然公司规模各有不同，但在典型的公司活动中，有时甚至从门卫到董事长都会参加同一场活动。即使在客户活动中，虽然"客户"的身份使参与者之间具备一定的同质性，但其多样性和差异性同样不容小觑。听众间的巨大差异决定了演讲的关键问题——你是否将自己的主题定位得过于局限。听众通常不会欣赏或喜爱在某方面延伸过多的主题演讲，或者在最糟糕的情况下，听众会因为演讲中涉及太多的专业术语而完全无法理解演讲内容。相反，如果每位听众都能在你的主题里找到共通点并产生共鸣，那么你将获得更多的欣赏和称赞。

内容要深入浅出

当然，泛化的主题也需要专业知识的支撑，但这通常只针对少数群体，这些群体通常在大型活动中与大部分观众分席而坐，构成各类分会场的专家小组。

假设你正在举办一场演讲，主题是如何更好地设计网站。在一家拥有 500 名员工的公司中通常只有少数人对这种特定知识感兴趣，因为只有少部分人直接参与网站设计并熟悉该领域的专业知识。但如果你将演讲的主题设定为互联网和网站、数字化及其相关趋势或数字化对公司和社会可持续发展的重要性，那么这个话题就会自然而然地吸引更多人的注意。

再比如，作为医生的你正在举办一场关于“静脉注射免疫球蛋白治疗高动力性猪内毒素血症的有效性”的演讲。相信这个世界上很少有人会对此感兴趣，或者准确理解这个标题。你可能会在这次讲座中获得很少的收入甚至颗粒无收，并且遭遇科学领域或税务顾问经常遇到的情况，你会经历某种形式的质疑、指责、否定甚至敌对。这将是你在典型的专业医学会议上开展专业讲座的“回报”。相反，如果你从一个更广泛的角度、以一种更浅显的方式让医学变得更加流行和易于理解，那么这次演讲的影响力就会更大。因为你的受众可以是数百万的德语使用者，因为我们每个人都不可避免地对健康感兴趣。

这个故事的主角正是埃卡特·冯·赫希豪森（Eckart von Hirschhausen）博士，很多人可能听说过这个名字，作为董事会成员的我曾有幸与他在同一家公司任职。1994 年，他取得了上述专业的医学博士学位，但作为专业医生的他并没有举办针对自己研究领域的专业讲座，而是致力于以更加娱乐和轻松的方式普及医学常识。

出于对静脉注射免疫球蛋白治疗的技术探讨，你显然需要一位医学专家。就健康而言，一位经验丰富的医生就足够了。但如果想要鼓励人们健康生活并永远保持健康，更合适的人选或许并不是一位拥有博士学位的医生，而是一位能够鼓舞人心的演讲者或宣讲大使。

整体定位的方法

当你发现自己适合很多优秀的选题时会怎么做？我们是否一定要放弃某些选题而最终只选择一项？或者我们需要以某种方式将所

有选题整合在一起吗？许多人认为，如果他们有三四个主题，那么他们必须最终确定一个——因为这正是成功定位的过程。在这里我可以向你保证：无须如此。你只需要掌握我称之为“外套定律”的方法即可。

在生命中的某段时光里，我曾拥有很多兴趣。我不能也不想只专注于其中的某件事。而且，正如我的占星师已经准确指出的那样，我不是那种想要深入研究某个领域的人。我有很多喜欢的主题，我不忍放弃其中的任何一个，但我却不知该如何通过这束五彩缤纷的“鲜花”向外界展示自己。那时的我完全不知道自己是谁，也不知道自己想成为谁。

有一天，我列出了所有自己感兴趣的主题，总计 25 个：引起关注、明确定位、情感营销、服务、革新、发现潜在机遇、向最优秀的人学习、社交网络建设、协作共赢、使人信服的力量、产品优化、能力展示、品牌塑造、游击营销、领导力、成为业内专家、巧妙公关、第三代互联网（Web 3.0）、以市场为导向、需求引领、销售心理学、谈判、行动代替计划、激情、克服惰性。我绞尽脑汁地思考，该如何应对这束盛开的“鲜花”？理论上，我可以尝试就每个主题写一本书。但 25 本出版物对当时的我来说几乎是一项不可能完成的艰巨任务。有趣的是，现在回想起来，我所涉及的领域早已超过了这个数字。

于是我做了一些在事后看来非常成功的事情。我并没有写 25 本书，而是写了 25 个章节。以往的经验证明，我很擅长分章记述。相较于就每个主题编写一整本书，这样的做法耗时更短，内容也更浅显易懂。就这样，我将 25 个章节整合在一起，并将书名定为《拒绝平庸——在残酷竞争中获得企业成功》。在舞台上，我同样会以这个书名来命名我的演讲。后来，为了实现更广泛的定位，我们将副标题重新命名为“引领市场的营销法则”。这本书代表了我的整体定位，它和与之配套的主题演讲给我带来了近10年的成功，因为任何一家公司都想要了解如何获取成功和市场领先地位。

总结过往经验我发现，总有一种方法可以将乍看上去毫无关联的不同主题结合为某个整体，我称之为“外套定律”。当然，偶尔我也需要放弃一些小的方面，但大部分内容都能很好地适配我的整体定位。

> 总有一种方法可以将乍看上去毫无关联的不同主题结合为某个整体，我称之为“外套定律”。

曾有一位女士在与我咨询的过程中险些落泪，因为在多年的自我封闭中，她几乎没有任何收入，无论经济上还是精神上都处于彻底的崩溃状态。她想作为培训师帮助人们从生活中获取更多能量，但同时，她也是一名疗愈师，凭借所掌握的精神疗愈方法和洞察力，她能够发现更多常人无法觉察的东西。她十分纠结于自己的定位，因为在她看来，拥有如此多天赋和技能的自己似乎完全无法找到一个能发挥自己全部天赋、技能和能力的定位。不仅如此，她还认为自己拥有的能力是互斥的。她并没有在市场上找到属于自己的一片天地。她纠结的关键在于应该如何发挥自己较强的沟通能力，是在公司中担任职业顾问还是作为一名疗愈师提供私人咨询——同样，她不确定自己应该专注于一对一的咨询方式，还是在大型研讨会或活动中为更广大的群体提供帮助。

在这种情况下，我往往会给出统一的答案：找到一件适合自己的“外套”。当然，找到这样一句可以囊括所有定位的总结或描述有时确实并非易事。但这样做的好处在于，你不必总是一一细数自己的所有领域，进而避免引发更大的混乱和误解。准确的整体定位可以帮助你在众多描述中脱颖而出。或许对很多人来说，这是老生常谈了，但借助这样一个绝妙的“抽屉”，我们可以被市场上的潜在客户准确识别。

对这位女士来说，“人格发展”一词无疑可以很好地概括她的领域。她所侧重的精神工作方法同样可以应用于一些稍有区别的其他背景环境中，比如“商业精神”领域。就我个人而言，我比较喜欢三音词组，因此根据我们的谈话，我建议她将自己的总体定位设定为：识别障碍 – 克服局限 – 迎接成功。

市场容量比想象的要大

当市场上已经出现某位“行业领袖”，就意味着这个领域已经被“占领”，那么大多数人就不敢再从事这一行业了。最初，我也曾囿于这样的思维定式。在“演说家”一词尚未诞生的时候，我曾致力于成为一名励志培训师,因为激励大家是我的伟大梦想。但当时，作为励志培训师的约尔格·洛尔（Jörg Löhr）已经声名鹊起。这让我清楚地意识到，我无法在这个领域获得更多成就。然而今天，我不得不为当时这样一个看似合乎逻辑的结论而大笑,甚至捧腹大笑。仅仅因为某人已经取得了某种成就，就不允许其他人同样取得这样的成就吗？多么可笑的想法！这么说来，一旦德国或世界其他地方出现了律师、面包师、汽车修理工、牧师、鲜花商贩、日内交易员、房地产经纪人或其他任何人，就没有人可以再从事这些职业了。

> 仅仅因为某人已经取得了某种成就，就不允许其他人同样取得这样的成就吗？多么可笑的想法！

有趣的是，时至今日很多人的想法还是如此局限，认为如果已经有人从事于某一行业，市场就不再开放。事实上，市场往往比你想象的要大得多，也有更大的空间可以容纳更多的玩家——后来者超越前辈并将其赶出市场这样令人惊讶的情况也时有发生。

温馨提示：坚持下去，即使该领域已人才辈出。又或者，我真正想说的是：正因为该领域已人才辈出，你更要坚持下去。因为人才聚集意味着需求集中。如果有人在某一领域寻求发展，那么说明该领域存在需求，即个人或公司的产品和服务是被需要的。否则你认为为什么会有这么多的律师、面包师、汽车修理工等同时存在于市场之中？答案很简单，因为人们需要这么多的律师、面包师、汽车修理工等——而这些人也并非同等优秀。

肢体语言作为心之所向

在莫妮卡·玛奇妮希（Monika Matschnig）成为肢体语言专家的道路上，我曾给予她大力支持，因为肢体语言是她的心之所向。但在她提出这个愿望之初，周围传来了无数的反对声音："这个领域已经被占领了！""赛弥·莫尔肖（Samy Molcho）教授已经在这个领域足够优秀和出名了！”但与赛弥相比，莫妮卡拥有三项无法比拟的优势：

- 莫妮卡的女性身份。
- 莫妮卡的年龄。以赛弥的年纪，他足以成为莫妮卡的父亲甚至祖父了。
- 莫妮卡的单次演讲费用为 6000 欧元。或许对一位年轻女性来说，这样的收费已经不低了，但与赛弥·莫尔肖相比，这还是相当实惠的。

她并没有放弃“以肢体语言作为定位”的想法，而是以一种更加聪明的方式发展自己的事业。谋定而后动的她写了一本关于肢体语言的书籍，并邀请赛弥为其作序。而如今，她已成为肢体语言领域的专家。

医学知识的大众科普

2012 年，还是在读医学生的朱莉娅·恩德斯（Giulia Enders）凭借其演讲《肠子的小心思》获得了科学大满贯脱口秀比赛一等奖。随后出版的同名书籍也于 2014 年 3 月登上了《明镜周刊》畅销书排行榜第一名。她经常受邀参加各种脱口秀节目，其中也包括知名的马库斯·兰兹（Markus Lanz）脱口秀。作为 2014 年德国最畅销的精装非小说类书籍，她的书销往超过 26 个国家。而这一切都是在她获得医学学位之前发生的。事实上，在书籍的筹备过程中，她原本想要采访五位知名科学家。然而，由于没有得到任何人的答复，她很快就独自写下了这本书。值得一提的是，随着这本书的出版，这一领域所有医生的著作都无法再与其争锋。世界上没有任何一位医生的著作能够实现比她的书还多的再版次数。此外，她还用她的写作方式改变和塑造了整个行业的写作风格。如今，许多学术文章的风格不再那么学院派，而更易于读者阅读。以微生物学家马库斯·埃格特（Markus Egert）为例，专注于消毒研究的他出版了一本名为《占领你身体的微生物》的书籍。

动机的另类呈现

罗尔夫·施米尔（Rolf Schmiel）是"黄金计划"课程的一位参与者，他希望能够以动机为主题获得一家出版社的出版机会。当时，莱恩哈德·斯普伦格（Reinhard Sprenger）博士已经凭借其《动机神话》一书在这一领域获得了巨大的成功。因此，罗尔夫几乎不可能被纳入励志书籍的出版行列。于是我们决定调整书名，并提交了临时书名"动机的黑暗面"。就这样，他获得了出版合同。他的书最终以《雄心勃勃：如何在挫折和失败中获取最大成功》为名被出版。

市场是巨大的

自从放弃杂货商的身份之后，我开始销售我的讲座、研讨会或其他活动。如果有人认为演讲者的身份会让我难以维持生计，我只会暗自微笑。事实上，根据我几年前的记录，仅通过这些我总结为"言语销售"的工作，我就实现了超过5000万欧元的业绩。或许现在，这个数字已再次实现近一倍的增长。提到这些并不是为了标榜我的业务规模，而是为了鼓励每一

> 市场就像一座冰山：你所看到的往往只是冰山一角，80%到90%的绝大部分你都无从得见。

位读者。请相信，世界上总会有一些你不知道的市场存在。如果你愿意，你可以在其中尽情施展自己的才华并取得成功。市场就像一座冰山：你所看到的往往只是冰山一角，80% 到 90% 的绝大部分你都无从得见。

需求无处不在

以我所在的演讲行业为例，从业者往往并不会向大众吐露实情。他们有时会刻意掩盖市场，将其描述得比实际情况更糟，以至于其他人甚至不会产生想要征服这个市场的想法。因为更多的从业者将会带来新的竞争。但不要因此而感到迷惑和不知所措，永远记住你所看到的只是冰山一角，水面下还有很多未被发现的东西。演讲、培训、教练和咨询市场同样如此。我们所看到的只是一些发布在社交媒体帖子上、选择性向公众开放的小型活动。而事实上，仅仅是我们所说的 B2C 业务领域就已经存在大量的需求，即面向最终客户的业务和活动，但它们也只能算作冰山中浮出水面的那部分。真正庞大而不可见的那部分市场存在于公司、协会和各类社会组织之间。这个庞大数倍的 B2B 业务领域，并不会张贴广告，也不会公开宣传，甚至几乎是秘密发展的。可以说，这是一个高达数十亿美元的庞大市场。

只需两个例子就足以佐证上述情况。柏林每年会举办超过 10 万场活动，所有这些活动通常都需要邀请外部演讲者。以此类推，可以想象全德国范围内的潜在需求有多少！第二个例子是协会，德国境内的超过 1.5 万个协会通常都需要举办协会会议，并邀请外部演讲者参加。那些探讨与协会主题无关的话题并敢于跳出局限的演讲者更是他们乐于邀请的对象。多年来，我的大部分收入几乎完全来自协会活动，我甚至为此在网站上专门开辟出了一个子页面用于开展与协会的合作。

尤其在演讲行业，需求总是无处不在。大多数组织者会定期举办大型会议、研讨会等活动，频率通常是每年，有时甚至会更频繁。这意味着每个机构每年至少会举办一次需要外部演讲者参加的大型活动。为了保持活动的多样性与差异性，活动内容总会有所区别——但通常都是关于相同的流派或主题。如果一家公司每年都要举办销售动员大会，那么它每年也会寻找关于销售主题的演讲者。年度激励活动通常需要邀请不同的励志演讲者。

这对演讲行业的好处在于，活动组织者想要讨论相同的主题，却需要邀请不同的演讲者。实际上，没有一位演讲者曾连续两年（甚至更长时间）出现在同一个机构的活动中，这可以说是演讲行业的惯例。大家都会有那么一些“喜新厌旧”。

我曾多次在公司活动中担任演讲嘉宾，尽管每次相隔数年。这在一定程度上也是演讲者的自我保护，因为据我所知，在整个德语演讲市场上几乎没有人能够在短时间内贡献同等精彩且情感饱满的第二场演讲。大多数演讲者会在举办一场轰动性的演讲之后，进行一段时间的“巡演”。因为在较短时间内举办的相似主题的演讲通常不会取得同样好甚至更好的效果，事实往往会更差。

此外，人们记住的往往不是演讲本身，而是其中的亮点。对演讲者而言，经常性地深入了解和探寻参与者的想法和生活是非常有必要的。有些故事或例子会深深地烙印在观众的记忆中，以至于让他们产生了更高的期望。这样一来，如果第二次演讲很快呈现在观众面前，大多数人都会至少在主观上感到些许失望。因此我坚信，几年的时间间隔是非常有必要的。

还记得我在柏林埃斯特酒店举办的一次演讲，作为德国最大的会务酒店，所有大型团体几乎都会不可避免地选择这里作为自己的活动场所。演讲结束后，我在掌声中走下讲台，并在那里遇到了酒店的董事长。他拦住我向我表示感谢，并说道："谢勒先生，除非你答应我明年会再来，否则我不会让你下台的！"

我感到很困惑，不知该说些什么。虽然受宠若惊，但我很清楚明年我绝不会再来。但我不想显得不友好、粗鲁甚至忘恩负义。最终我设法从这场尴尬的谈话中脱身，甚至没有给予任何暗示性的承诺。

但不久之后，活动经理走到我面前对我说："谢勒先生，您必须答应我明年会再来。"显然我的演讲很受欢迎，这让我十分高兴。当客户如此需要我的服务，甚至想要强迫我明年还要再来时，我的身心都得到了极大的满足和愉悦——是的，谁又不会呢？但我礼貌地拒绝了他的请求。虽然这是一项利润丰厚的生意，因为我这次演讲的费用高达五位数，但于我而言这是不可触犯的原则，因为我不想让我的客户、观众以及自己的内心感到失望。

寻找市场定位的方法

> "市场需要什么？"这个问题从根本上来说是错误且危险的。

"我要做些什么？""我应该讨论哪些话题？""我到底是谁？""我要如何明确自己的定位？"当人们无法解答这些问题，或至少没有找到令人满意的答案时，总会问自己这样一个经典问题："市场需要什么？"但这个问题从根本上来说是错误且危险的，因为它会让我们否认自己真正想做的事情，否认那些让我们心之向往和奋力争取的事情。放弃这些的我们不仅会失去自己的灵魂目标，还会错过更高的收入和销售额，也就是那些我们本可以通过从事自己真正热忱的事业而得到的回报。

那为什么还会有这么多人思考这个经典问题呢？我想或许是因为他们还没有找到进入自己内心的方法。但其实，这并不是什么不可探寻的秘密，只要你敢于进一步走进自己，就可以发现其中的真义。认真聆听自己的内心，相信我，真相其实不难发现（详见第 3 章）。

那么"市场"究竟想要什么？ 市场的需求如此庞大而繁杂，以至于几乎无从谈起。一个相对令人满意且全面的回答就足以写满一整本书，甚至一整套书了。但经验表明，总有一些话题是经久不衰的，比如：个性与成功、沟通与激励、营销与销售、管理与领导、健康与健身、环境与气候保护等等。

此外，还有无数其他可能的主题。接下来我将按字母顺序列举一些主题，它们不仅在我的客户那里反响良好，还很适用于 B2B 以及 B2C 业务领域。

决策力：这是一个绝妙且包罗万象的话题，因为每个人终其一生都需要时刻作出决定。我们每天大概需要做出 2 万多个决定，无论是在私人场合还是商务领域，其所涉范围十分广泛：我应该穿什么、不穿什么？今天该吃些什么？我要进行投资吗？如果是，如何投资？在哪里投资？我应该购买这种还是那种产品？我是否需要雇用新的员工？如果是，该雇用谁呢？我是否要扩张自己的商业版图？如果是，该如何扩张？在这个主题上你可以帮助很多人，因为很多人都在为此苦苦挣扎。

金钱： 我想我无须浪费你我的时间和精力去长篇大论地解释为什么金钱是一个重要的主题，因为我认为这是不言而喻的。金融是一个内容广泛、主题多样且兼容并蓄的话题，它可以讨论储蓄，也可以讨论财富积累，而财富又可以分为不同的类型。当然，举例来说，我们还可以讨论对待金钱的方式以及如何实现财务自由。

生活窍门： 这通常是指可以让生活变得更加轻松的建议、提示和技巧——内容涉及所有领域。一般来说，大多数人都会对这个话题很感兴趣。从逻辑上讲，谁会愿意给自己的生活增加不必要的困难呢？所以，无论是一般性的生活技巧，还是成效显著的超级攻略，甚至是企业相关的经营秘诀，一切皆有可能！

人性： 斯蒂芬·布罗克霍夫（Stephan Brockhoff）和克劳斯·潘雷克（Klaus Panreck）两位税务顾问曾共同出版《人性的回报：价值认可决定企业的成功》一书。我们都相信人性本善，即使有些人活着只是为了追逐利益。无论是出于真诚还是纯粹的个人利益追求，在我看来，这都是一个值得探讨的话题。

探索意义： 这是一个与个人和企业同样相关的话题。正如维克多·弗兰克尔（Viktor Frankl）所说："如果你想要创造成绩，就必须提供意义。"这就是为什么如今许多公司都会探索意义，以期从员工那里获得相应的业绩成果。

策略：我们总会认为那些具有策略思维的人非常了不起，但其实很多人并不真正了解它是如何运作的，以及策略究竟是什么等等。这是一个真正受欢迎且存在巨大需求的领域。

执行：越来越多的企业管理者喜欢拿着咖啡和甜点不切实际地讨论想法、项目和流程。经过数周的讨论，一头雾水的讨论者们终于得出了一个结论，却在执行过程中渐渐失去了动力！他们根本无法推进自己想做的事情。这种情况在公司和个人身上都时有发生。因此，他们需要别人帮助自己执行或实现想要的东西。

责任：这同样是一个很棒的话题，因为它无处不在。人活着就需要在不同生活场景下承担责任。我们要对自己的生活、饮食、身材、健康、孩子、家庭、工作、成就、资源、生活质量、工作与生活的平衡等一切负责。因此这个主题也可以以十分多样化的方式呈现。

这里我只列举了众多可选主题中很小的一部分。那么，你是否已经找到了适合自己的主题，可以帮助你实现事业的蓬勃发展？如果还没有，那么你可以选择先从潜在客户所关注的问题出发，帮助自己不断接近答案。

神秘的目标群体

> 广泛的目标群体和广泛的定位于我而言同样重要。

经常有人问我：“赫尔曼，我该如何找到自己的理想受众？”对此我总会反问说：我们真的要如此局限自己吗？坦白来说：广泛的目标群体和广泛的定位于我而言同样重要。我从未真正认同过那些深入且复杂的目标群体定义，更遑论亲自践行。一直以来，我只会区分并以不同方式处理两种类型的目标群体：B2B 和 B2C 业务领域。相信大家或多或少对此也都有所耳闻。

接下来我将通过一些例子概述 B2C 与 B2B 业务的差异。

	B2C 业务	B2B 业务
称呼	你	您
内容	个人经历	最佳实践
教材	自由形式 + 灵活应变	书籍
出场方式	公开活动	企业活动
营销模式	个人	中介机构
对象	个人	团体
思维模式	一切皆有可能	还有哪些可能性
专家定位（举例）	勇气与自信方面的专家	经营业绩方面的专家
目标群体 / 受众（举例）	单亲母亲	验光师行业
标语（举例）	勇气、自主或发现自己的闪光点	人际、市场、品牌或提升经营业绩
演讲题目（举例）	如何在 30 天内让自己更加自信并不再感到难堪	获取未来市场领先地位的游戏规则

（续表）

自我介绍（举例）	没有人能够比××（名字）更会帮助大家获得勇气、自信与力量。他知道如何利用过往经验帮助你实现最重要的事情：自我效能感	他曾在30多个国家的3000多家公司举办过3000多场讲座，听众多达100多万人；他曾以21种语言出版60本书，关于他的新闻报道多达上千篇；他还创造了近五千万欧元的销售额，举办过9000多次酒店培训，飞行里程达1000万公里，并曾在欧洲18所大学任教。如今，他已帮助40余人跻身成功培训师100强的行列，并帮助100余人进入了成功培训师500强。他将人们塑造成品牌，帮助他们获得应有的价值并征服世界舞台。没有人比赫尔曼·谢勒更能将更多人塑造为品牌，并将更多演讲者带上表演舞台

托马斯·赫尔维格（Thomas Hellweger）是施塔恩贝格湖周边高档住宅区的一名房地产经纪人，也是“黄金计划”课程的参与者之一，我称他为“如金子般闪耀的人才”。他希望能够在现有负责区域的基础上，进一步提高自己在全国范围内的知名度并开发出更广泛的目标群体。通过出版书籍《开门者——如何获得属于自己的房子》，他实现了这一目标。成为畅销书作者之余，他还凭借这一主题频繁出现在各类电视节目中。

大多数有关个人发展的书籍所针对的都是更加外向和善于表达

的人群，但希薇亚·洛肯（Sylvia Löhken）意识到，相较于这些人，社会上的内向者数量其实更为庞大。于是，她出版了《内向者的优势：如何展现风采并获得倾听》一书，并因此获得了知名度和成功。

从关注点出发

如果你从事 B2B 商务领域，那么你需要面对的关键问题是：你的企业客户所关注的方面有哪些？更高的销售额、更低的成本、更多的业绩、更少的病假、数字化发展、市场领先地位等等，这些都是可以帮助你实现定位的潜在问题。

如果你专注于 B2C 业务领域，那么你需要考虑的问题是：你的潜在客户可能有哪些关注点？个人发展、人际关系、幸福、亲密关系、健康等，每一个关注点都可能是一个定位方向。因此，找到十个可能成为你受众的人或公司的关注点，就意味着你找到了十个潜在的定位。

> 每一个关注点都可能是一个定位方向。

或许你有很多感受和发现，但对于人们的真正需求、关注点以及相关话题却毫无头绪。在这种情况下，你可以做一些简单的调查研究以帮助自己获得初步的认知。

谷歌趋势与谷歌快讯

谷歌趋势是谷歌公司提供的一项在线服务，可以向使用者提供当今世界上最热门的话题信息。举例来说，如果你正在思考“服务”这一主题，那么你可以以“服务”为关键词进行搜索，查看该词条目前的搜索频率，哪些地区对此的需求量更大或更少，以及有哪些附加或可替换的搜索词条和主题。再比如，你可以搜索“关系”这一主题，了解这一词条与“离婚”之间的联系是如何发展的。

通过这种方式，你可以获得关于你的主题和感兴趣领域的各种信息。如果你还开通了谷歌快讯的自动通知服务，那么你可以在每天早上自动发送给你的电子邮件中查看最新信息。

公众问答

或者你可以访问关键词检索网站，在那里你可以了解人们正在进行哪些搜索。首先，你需要设置自己的国家、地区和语言。然后，你可以在搜索栏中输入关键词。假设你想知道人们对“定位”这一话题感兴趣的点是什么，几分钟的查询时间过后，你将收到各种信息，更准确地说，这是对于你所选择的关键词的检索结果。

怀疑是定位过程中的大敌

“欢迎各位来参加这场葬礼，这场埋葬你的怀疑的葬礼。”这就是我在“黄金计划”课程开始的那个晚上向参与者们发出的问候。我还特意为此印制了一张悼念卡片，因为莎士比亚曾经说过：“怀疑是最大的叛徒，它常常让我们因为不敢尝试而错过本可以达到的成就。”没有什么比这句话更适用于定位选择了，因为成功定位的最大敌人不是市场，而是你的头脑，或者更确切地说是存在于其中的怀疑。

> 成功定位的最大敌人不是市场，而是你的头脑，或者更确切地说是存在于其中的怀疑。

我经常可以在咨询中帮助对方找到一个合适且有效的绝妙定

位，我对这句话的真实性负责，因为市场会证明这一点。但有时，我的建议却并不会奏效，原因很简单：因为这个世界上有两种人，经过数百次的咨询谈话，我得出了这个结论。

- 有些人带着自己的既有定位进入市场。那么，一切进展得是否顺利？不，当然不。他们是否需要偶尔调整一下自己的定位？是的，当然。他们是否遭遇过挫折？是的，但这并不是放弃的理由。这些人已经在路上，并且已经在市场上找到了属于自己的一席之地。
- 后来，我又遇到了另一类人。例如在机场的一次偶遇中，我问道："嘿，最近怎么样？"对方的经典回答是："我还在微调我的定位。"遗憾的是，这些人或许直到去世手里还拿着一份调整定位的文档。

我们聪明的头脑有时会是自己最大的敌人。当然，在很多情况下我们需要聪明才智去应对和解决问题，但同时我们也会找到一些导致失败的不利因素。正因为我们足够聪明，所以我们甚至可以在付诸实践前就想象出导致失败的一切可能。然后我们甚至不会开始，因为可能根本就不会成功。这实在太尴尬了，不是吗？

每当我想要说出或写下一句话时，我心中的"评论家"就会活跃起来并尖锐地提出质疑："可以这样写吗？应该这样写吗？这真的是我想写的内容吗？这适合我吗？我可以发布这样的言论吗？是不是另一种言论会更好？什么才是真正属于我的言论呢？为什么这是属于我的言论？这句话准确吗？我想被这样看待吗？我想这样暴露自己吗？我想这样展示自己吗？" 所有这些问题在短短几秒钟的时间里同时浮现在我的脑海中，留下了无数的问号。每一位曾尝试登台表演、写书、开发内容或发表言论的人可能都曾亲身体验过这种感觉，也知道这种破坏性的想法有多么深入人心、啃噬灵魂，因为总会有新的问题不断形成。

我的怀疑点合集

多年来，我曾听过无数人用非常相似甚至完全相同的话语提出同样的疑问。下面我将列举一些我个人最喜欢的怀疑说辞，并附上我的答案。我认为有时我们必须采用简单粗暴的方法，帮助自己将所有这些废话从脑海中清除。

“我做不到。”我们出生时什么都做不到，不会吃饭，不会走路，不会说话，但没有任何生活经验的我们还是出生了。而且到目前为止，我们都活得很好。你得到了你所需要的一切，所以如果你想要得到某些东西，就去努力争取吧。

“我太年轻 / 太老了。”谁告诉你年龄会是一种障碍？我的课程最年轻的参与者，即大满贯世界纪录获得者年仅 15 岁，最年长的参与者则是 84 岁——与盛年的特蕾莎修女（Mutter Theresa）同龄。既然如此，年龄对你来说还有什么要紧？

“我没有时间。”我们每个人每天所拥有的时间都是一样的，而且我们都不知道自己生命的终点在哪里。所以，明智地利用自己的时间去完成生命中真正想做的事，设置优先项，去实现对自己来说最重要的事情。

“我没有钱，甚至还有债务。”这更是一个快速开始的完美理由，因为信守诺言并坚持自己的立场是最重要的。债务往往是最好的老师，堆积如山的债务让我学会了大胆思考。此外，金钱有时甚至会扼杀创造力。很多人曾在没有大量投资的时候创造出许多奇迹，却在拥有大量投资后只创造出很少的价值。

“我很害怕。”好吧，那么等你离开这个世界，恐惧就会消失了。

“我还没有准备好。”好吧，那让我们 100 年后再次在这里相见，却发现你还没有准备好，对吗？

“我不敢表现自己。”没问题，如果你真的感觉不舒服，你就不必非要表现自己。当然，你也可以选择突破自我。你的命运由你自己决定。

“我不相信我会成功。”大多数人也并不百分之百确定上帝的存在，却还是选择相信上帝（或者另一个更高的存在）。而成功已经被证实是真实存在的，那么问题出在哪里呢？

“市场上还有其他竞争对手。”天哪，真的吗？那该怎么办呢？市场上当然会有其他竞争对手，而且他们不会像你一样磨磨蹭蹭、畏缩不前，他们早就赚到了本可以轻松进入你口袋的钱。设想一下，当你终于摆脱困境、整装出发，迎接你的将会是怎样一个世界！

“我发现了另一个从未了解过的领域。”真的吗？我已经发现过上百万个从未了解过的领域。比如，我至今还没有成为折纸专家。可这又怎样呢？

“只有当我找到完美的定位时，我才会出发。”太棒了，但你首先必须从故步自封的牢笼里走出来，否则在那之前你就已经被淘汰了。只要能走出来，你一定会呈现一场非常疯狂的表演！

“别人会怎么看待我？”毫无疑问，很多人的生活和事业就是毁在这句话上。仅仅因为某个与你毫不相干的人想要讨论你的人生？或者因为某个叫作“恶魔 007”的黑粉不喜欢你？他们到底是谁？他们是否像你一样在竞技场中以角斗士的身份正在进行战斗，还是只是坐在便宜的观众席上嘴里塞满爆米花？如果他当真这么优秀，他的成功和金钱在哪里？但丁·阿利吉耶里（Dante Alighieri）曾说过：“走自己的路，让别人说去吧！”

“如果我变得引人注目，定会招来很多仇恨。”我该说些什么呢——仇恨是成功的附属品。我亲爱的朋友兼同事托比亚斯·贝克（Tobias Beck）曾给出完美的总结：“即使是动画片里的普姆克小精灵和小蜜蜂玛雅也会有不喜欢他们的人。”生活中总会有这样一群人，而你需要学会如何与他们相处。要记住，你不可能取悦生活中的每一个人。如果你想要得到所有人的喜爱，那么下辈子就成为一台全自动咖啡机吧，这样你每天都能得到充分的关注，并且有人会不断地推动你的摇杆。

“我曾受过太多伤害。”据我所知，没有哪位成功者是没受过伤的。相反，伤痕的多少似乎与成功的大小直接相关。你曾走过的人生是你获取成功的最好机会！

“我没有计划。”这其实是个好消息！俗话说得好：生活就是在你忙于制定其他计划时所发生的一切。所以，为什么要躲在伊甸园中制定计划呢？何不干脆享受当下？商业计划从来都不是一对一有效的。相较于制定一个永远无法完成或即使完成了也行不通的周密计划，把钱花掉然后再想办法赚回来，通常会显得更有创意。

“我还没有找到我生命的意义。”许多人毕生都在寻找自己存在的意义，但即使没有意义，生活也会一直继续下去（详见第3章）。生命的最大奥秘就是没有秘密。从纯粹的科学角度来讲，生命无论如何都是没有意义的，因为宇宙从不真正在乎地球、人类或你和我的存在与否。所以，就像长袜子皮皮一样去创造自己的意义吧，“我要为自己创造一个我所喜欢的世界。”

“但我必须……”几乎没有什么是你必须要做的事情！为了生存，我们必须呼吸、吃饭、喝水、排泄、保暖和睡眠，只有这六件事是你必须要做的。“没有人必须要做些什么。”戈特霍尔德·埃夫莱姆·莱辛（Gotthold Ephraim Lessing）曾在他的话剧《智者纳坦》中这样说道。事实是，我们需要遵从自己的内心，而你心中真正想要的究竟是什么呢?

不要在自我怀疑中虚度一生

我们必须清楚一点：没有人能够凭借一己之力完成一切生活所需。例如，我生来就不会走路、不会说话，但如今我成为一名演讲者。我有很多的员工、合作伙伴和代理机构，他们的产品和服务填补了我能力上的空白，而我仍有足够多的空白需要别人来帮我填满。我们总认为自己必须做到完美并掌握所有技能——然而事实绝非如此。

我们总认为自己必须做到完美——然而事实绝非如此。

每当有人向我提问：“赫尔曼，我真的有这样的潜力吗？”，我都会从内心感到一丝错愕。我会在舞台上以黑色幽默的方式威胁道：“如果你们中有人问我这个问题，我会立刻在社交媒体上开启直播，并在镜头前干掉那个人！”当然，我永远不会这样做。但在我看来，向他人询问自己是否具备某种潜力的行径，实在太令人震惊和轻贱自己了。我们不选择相信自己，而是试图将自己的人生责任转移给第三者，而对方本不该且大多数情况下也不想承担这样的责任。是的，旁观者有时是会对我们有所帮助，但更重要的是我们如何看待自己。

基本规则是：别人能做到的，你同样也可以做到。不要让任何人或任何事来动摇这一基础。人与人之间的决定性差异很少在于能力，而更多在于展示这些能力的方式。这就是为什么我会真切地恳求你：停止怀疑，停止忧虑，停止浪费时间！当你安静地坐在房间里思考时，你脑中的疑虑只会越来越多。

> 停止怀疑，停止忧虑，停止浪费时间！

每个人的潜力都是巨大的，只要你敢于给它一个出口，给它一个展示自己的机会！如果你还欠缺某些方面的能力或基础，请主动寻求帮助，去自主学习或购买所需。你不满意自己的声音？去预约一位声音教练吧。你不擅长使用社交媒体？去寻求专家的帮助或参加相关培训课程吧。你因资金匮乏而无法开展业务？去寻找能够填补资金缺口的合作伙伴吧。其实，很多事情都可以找到合适的解决方案，关键在于要做出明智的决策，以帮助自己的企业处于领先地位。

果断付诸实践

如果你手中一直积压着一份待提交的纳税申报表会怎样？确切来说，你会对需要报税这件事情念念不忘。这个念头会在你的脑海中不断浮现。同样的情况也适用于凌乱待整理的地下室、错过的牙医预约以及即将到来的岳母生日等。

心理学家布卢玛·蔡加尼克（Bluma Zeigarnik）发现，未完成的事情往往比已完成的事情更令人印象深刻，会让人们频繁对其进行回忆和处理。因此，她将我们的大脑比作一个巨大的抽屉系统，每当我们开始做某件事，却没有或无法完成它时，这个抽屉就会保持打开的状态，而我们会不断地受缚于此。那么理所当然的，当我们打开的抽屉越多，我们就越不能专注于当前所从事的活动。这就是为什么成功人士总会让很少的抽屉处于打开状态，因为他们想完全专注于自己的成功领域。那么，为了保持可以明确自身定位的清晰头脑，你需要注意哪些打开的抽屉（比如担忧和恐惧）呢？

请更加果断

“赫尔曼，成功人士究竟有何不同？”我向来不喜欢将某种特质或方法称为解决根本问题的万能钥匙，但在为 3000 多家公司提供过咨询和举办过无数次讲座后，我结识了许多成功人士并发现了他们之中一个尤其明显的共同点，即成功人士向来只用三个维度来思考问题，而非四个。

那么这四个维度究竟是什么呢？详细来说，我们每天都会做出无数的决定，或大或小，或微不足道，或极其重要。在企业中，这个决定可能关乎数百万美元的预算、投资或合同。而在做出决定的过程中，一般来说会有四个基本的决策维度。

1. 说“是”。很显然，第一种决策维度是表示赞成。如果有人问你是否愿意参加某项活动，而你认为这个提议很棒，你就可以简单明确地回复他说“是”。

2. 说“不”。就是这么简单。如果你不喜欢、没有时间、认为费用不合适，或者有其他原因让你认为这个行为不够划算，你都可以明确地拒绝它。

3. 时间上的推移。有时候你并不想直接说“不”，因为某个选项在你看来已经足够有趣，但出于某些不可避免的理由你也无法给出“是”的回答。所以，这从根本上来说是一种带有时间推移的肯定回答，即心中已经同意，只是需要在时间上进行调整和确认。

这是我从成功人士那里学到的三个决策标准。仅此而已，并没有什么其他内容。此外，他们所做的决策总是非常快速、清晰和明确。

然而，我也发现很多人在做决策时，除了这三个选项外，还会存在第四个假定选项，但这更像是一种拖延战术。

4. 再想一想。我们也可以将其诊断为“决策拖延症”。这种犹豫不决的做法会让这些人付出高昂的代价。因为这种“开放选项”会耗费我们的精力和脑力，它会在我们的头脑中留下很多开而未合的抽屉（关键词：蔡加尼克效应）。理所当然的，如果你试图在大脑中记住1000件事，那么总有一天你会耗尽所有精力。这就像同时打开房子里的每一个水龙头——总有一刻会因压力不足而停止供水。我认识的很多人都会在头脑中为自己留下一大堆也许在未来某个时刻会真正想做的事情，但愿真的会如他们所想吧。

我承认，我也曾有过这种决策拖延的毛病。但自某一天起，我决定彻底清除掉第四种决策选择，并同时改变我的决策方式。即当机立断，要么明确给出承诺，要么约定在一个稍晚的日期，要么干脆放弃或取消。我的生活因此而变得更加轻松，所以我想将这个方法推荐给每一个人。

在此，我想再举一个极其夸张的例子来说明此事。想象一下，你正处于一个极度暧昧的场景中（我将完全从男性的角度描述此事）。一位美丽的女士站在你面前，她的嘴唇微微抿起，不断靠近你的双唇。你们首次的接吻时刻似乎即将到来，此时，你必须做出决定。那么，你将如何选择？

1. 是的，亲吻，就现在！

2. 你推开这位女士说：“对不起，我不想吻你。我已经结婚了。”或者你会给出其他不这样做的理由。

3. 你可以推迟这一举动并说：“嘿，要知道，我真的很想吻你，但我现在患有令人讨厌的疱疹，我绝不想将它传染给你。或许我们可以在一周后接吻？”尽管我认为在这种情况下你成功的可能性很小，但假设这位女士同意了，那么你现在拥有了一个一周后的固定约会。这简直棒极了！

4. 但无论如何，你也不能在距离她诱人的嘴唇仅有几英寸的时刻选择第四方案，并说：“嗯，我不知道，我得再考虑一下。”那么很抱歉，你直接出局了。因为这样会扼杀所有的浪漫气氛，这根本行不通。

成为实干家、决策者和企业家

曾有很多人对我的课程表示很感兴趣——至少他们嘴上是这么说的，因为我听到和读到的回复往往是“我一直想去参加一次你的培训”或“我们认为那将非常令人兴奋”。但当涉及实际落实层面时，他们总会出人意料地从第四维度中抽出一张“我再考虑考虑”的卡牌。好吧，这又怎么样呢？事实上，我不想再与那些如此犹豫不决的人一起工作——我这样说已经是出于最大的尊重。抱有这种态度的人不可能获得领先优势，甚至可能根本无法接近赛道。他们只会在脑中不断想象，“如果……就会……这实在是一种不错的选择，不是吗？”但他们却始终回避将自己的愿望付诸实践。

抱有这种态度的人不可能获得领先优势，甚至可能根本无法接近赛道。

遗憾的是，这些人正在不断放弃自己的能量。反省和犹豫会消耗太多的时间，以至于让你无暇对已计划好的事情全力施为，不仅是参加我的培训，也可能是其他的一千件事情。我经常遇到的情况是：那些缺乏决策意愿、总是犹豫不决和推迟拖延的人永远无法在事业上真正站稳脚跟，至少无法达到他们本可以实现的高度和维度。

然后，我突然开始面临一个两难境地。在我的培训生涯中，让我赖以生存的不再是我的讲课费，而是我的声誉。这意味着，我真正将人打造成了品牌，也确实让人获得了成功。通过参加我的活动，人们可以比之前更快也更多地获得收入。但对于像我这样提供的服务，他们的成功总是归功于双方的因素。其一当然是服务的提供者，即包括我在内的咨询师或培训师一方。但如果我的受众不采取任何行动，也不主动推进事情的发展，那又有什么用呢？

也就是说，我可能更倾向于较早地对人做出判断，如果有人需要很长的时间来决定是否参加我的课程，那么我通常会认为这个人大概率是一个行事犹豫不决的人。或者更准确地说，他是一个只限坚定必须发自内心。

于思考而从不付诸实践的人。关键问题在于：坚定必须发自内心。只要你想，你就可以彻底清除并不再使用第四决策维度。在我看来，任何不这样做的人都在浪费自己的很大一部分潜力。因此，我一直致力于培养大家可以相对快速做出决定的能力。这样做不是为了我自己，而是为了每一位参与者可以不再剥夺自己的优势，并为自己和自己的事业创造最好的起点——杆位。

果断的决策能力不仅对事业还对生活的方方面面有所帮助。生命如此短暂，我们不能把时间浪费在思虑再三、过度考量和犹豫不决上面，因为这会让我们错过很多美好的经历。我们要更多地对新的旅程、有趣的相遇以及难忘的经历说“是”，因为这会为我们的人生清单添加一个又一个人生心得和里程碑。待时机成熟，我们自会发现其中的关联。

果断的决策能力不仅对事业还对生活的方方面面有所帮助。

毕竟，我们没有永远，即使我们总想减缓时间的流逝，但生命总会终结。我完全无法想象有人会在临终前说：“我总会把事情考虑得很彻底，这简直太棒了！”有趣的是，我们很少会对自己做过的事情感到后悔，却总会对未能完成的事情感到遗憾。所以，当下一次亲吻、下一次培训、下一次商业规划和下一次可能的冒险来临之际，请给出明确的“是”或“否”，或者至少一个确定的推迟日期。

生命中最美好的事物都是一种选择——无论是幸福、爱情、信仰、成功或是其他任何我们想要的东西，我们都要自己做出选择。重要的是，一旦做出选择，我们就要负担起让一切梦想成真的责任。除了我们自己，没有人能做到这一点。不再沉思，只需行动。我们都将成为企业家，而非失败者！

第3章
个人销售主张

定位并非玄学

慢慢地你可能会发现，真正与众不同的创意，即独特销售主张（USP）几乎并不存在。就像所有人都在用水做饭，最终我们也只能划分出少数几个擅长的领域，并将它们放入属于自己的“抽屉”。真正与众不同的并不是你所选择的主题或内容，而是最关键也最独特的你——呈现主题和内容的人。因为每个人都是不同的个体，会从不同的角度看待问题，也会基于个人和职业经历形成对事物的独特看法。这就是为什么我并不推崇独特销售主张，而更喜欢个人销售主张（PSP）。这意味着，你所表达的内容或许在某种形式上与其他人相似，但你组合内容的方式、丰富演讲的事例和呈现内容的形式都无法复制，这些毫无疑问

> 最关键且最独特之处在于你——呈现主题和内容的人。

都是独属于你的财富。如果“抽屉”足够大，你可以将所有东西都打包放进去。

合适的抽屉

马库斯是“黄金计划”的参与者之一，他以饱满的热情全身心地参与其中，并致力于通过分享自己的南美之旅向大家讲述自我效能感这一概念。他可以用文字描绘出精彩的画面，并把听众带去不同的国家和旅途，让他们感受不一样的人生体验。他能让每一位听众认真倾听、情感共鸣甚至沉迷其中。而作为故事讲述的结论，他会将内容升华至自我效能感。因为正如他所言，只有当我们自己在逻辑上完成了某件事情，我们才能获得自我效能感。

“黄金计划”课程结束几周后，他打电话给我，问是否可以再次参加这一课程。一方面是因为他太喜欢了，另一方面则因为他的定位发生了变化，现有内容已不再适合。

我惊讶地问他新的定位是什么，他回答说是“卓越”。我很好奇，当他以“卓越”为主题时会说些什么。结果，他以同一个故事——南美之旅为起点，用相同的结构、顺序和笑点完成了对这个主题的讲述。叙述过程中的唯一变化就是升华的主题不再是自我效能感，而是每个人生活中都需要具备的卓越品质。

我忍不住笑了，因为他的内容和故事都还是一样的，只是口号有所不同。和这个例子一样，我认为在很多情况下，我们所需要的并不是一个新的定位，而是一种文字游戏。毫无疑问，如果我们想要变得卓越，就必须具备自我效能感，而为了获得自我效能感，我们在逻辑上也需要卓越的品质以及任何其他可能的结论。

这个故事再次证明，我们每个人都有属于自己的“抽屉”。它们要足够庞大、无处不在且包罗万象，这样我们就可以把很多东西装进去，并在此基础上为我们自己、我们的人生和成功归纳出很多结论。

把事情简单化

我遇到的很多人都相信且希望自己十分渴望表达的想法和内容能够被他人所接受。他们设置的演讲标题和口号往往令人难以理解且造成误解，以至于人们根本不知道他们在做些什么或在提供些什么。而这一切都只是为了让自己显得特别优秀、特别与众不同，显得更酷、更聪明、更非凡，进而在竞争中脱颖而出。但事实上，这样做只会适得其反、引发误解甚至导致失败。

真正重要的事情在于，那些聘请你、预约你和使用你的产品或服务的人可以准确地将你归入合适的类别或领域。这就是我们大脑的工作原理，我们利用“抽屉”来对物品进行分门别类，否则我们将感到一团乱麻。而在商业领域，这一点对于成功至关重要！如果你能实现对自己的准确分类，那么你将在客户心中占据领先地位，这会让你更加接近杆位。因为那些已经在心中对你进行分类的人，都可以再次找到你。而任何无法对你进行准确识别的人，都会将你排除在选择之外，直至彻底忘却。

> 我们利用“抽屉”来对物品进行分门别类，否则我们将感到一团乱麻。

例如，所有演讲机构都会对演讲者进行如下典型分类（即演讲者所属的“抽屉”）：

- 个性与成功
- 沟通与激励
- 市场营销与销售
- 管理与领导
- 健康与健身

你一定可以很快找到自己所在行业和所经营业务中的“抽屉”分类。那么，你是否已经找到适合自己的那一类，或者你是否认为自己该采取行动了？

> 人们需要尽快知道你是谁以及你所在的领域。

你的定位应便于潜在客户在几秒钟内将你放入他们的类别划分，因此你必须足够清晰地适配于某个“抽屉”。人们需要尽快知道你是谁以及你所在的领域。因此，为引起人们的好奇或思考而选择一个难以理解的定位，是完全没有意义的。因为他们根本不会如你所愿，这种做法只会导致人们不知该把你放在哪里，进而很快将你忘记。这样，你就失去了在潜在客户心中占据主导地位的机会。事实上，你应该致力于帮助自己的受众或客户清楚识别你所在的“抽屉”，以便他们能够主动且最好永久将你储存在记忆中。

以生活履历为基础

生活是你可以分享的故事源泉。好的故事可以改变人们的想法，更好的故事可以影响人们的行为，而最好的故事则可能改变世界。我们已经完成了对自己人生清单的整理，其中包含

> 生活是你可以分享的故事源泉。

对你来说最重要的个人心得和人生里程碑。那么现在，为了塑造更丰满的线上形象，是时候创造一个（或多个）故事来支撑你的定位了。

明智的内容选择

谈到这个话题，我必须首先说明一件事情：在我看来，大多数网站都会对业务开展造成不利影响，因为它们为客户提供了对比和替换服务的平台，使业务发展具备一定的随机性。而通过遵循某些原则，我们可以避免这种情况的发生。

1. 没有人对你的教育背景感兴趣。成千上万的人的经验表明，即使有人拥有比你更好的学历，这也并不是什么重要的事情。你的一切行为都应出于自愿，而且最重要的是不要参与到这些毫无意义的琐碎竞争之中。因为这至少可能将你卷入一场降价谈判，你的客户会希望通过这种对比来降低你的费用。因为很显然，如果很多人都能做某件事，那么就会有很多替代方案供客户选择。最糟糕的情况下，你可能面临真正的价格战风险——但你无须担心地板价格的出现，要相信自己总是物有所值的！

2. 许多人可能忽视的另一个方面是他们在网站上晒出了与同事或其他培训师（简单来说就是与比自己做得更好的人）共同参与的研讨会信息。我所说的并不是学校或大学教育，而是校外课程、职业培训或专业课程，尤其是那些大家可以自主选择参与的培训课程。因为这很可能会适得其反！想象一下，如果你所晒出的这些培训费用并不是很高、距离并不是很远或并没有其他什么不可抗因素的存在，那么你的潜在客户就会思考："为什么我要预订参与这项培训的学生的课程而不是老师的呢？”你要如何证明自己具备更优越的能力和更丰富的经验？正如我所说：既然有老师在，为什么还要舍本逐末，去找学生呢？这显然合乎情理。

3. 每当听到这种类似的人生故事开场，我就会忍不住翻白眼：“学生时代的很长一段时间里，我都十分害羞。但后来我被选为班级干部，然后又成了学校干部。直到有一天我突然意识到，沟通是多么的重要。而这就是我成为沟通培训师的原因。”你是不是也快要睡着了？我完全理解，因为我也是这种感觉。

个人形象包装

个人形象的包装方法多样且差异巨大！而核心问题在于你要如何定位自己以及如何高质量地描述和推广你所提供的产品和服务。换句话说，你如何让自己变得有价值且令人向往？例如，作为一名人格培训师，你可以首先了解排名前十的人格培训师的个人信息及其网站，看一看他们是如何评价自己的，以及他们会发表怎样的言论。在人格发展领域，你一定知道那位成功的榜样托尼·罗宾斯（Tony Robbins）。他在这一领域所取得的成功，不仅让他成为百万富翁甚至亿万富翁，还实现了非凡的壮举。从他举办的周末研讨课程的火热程度来看，他很可能借此一举创造了数千万美元的销售额。所以，托尼·罗宾斯会如何形容自己？你可以从中借鉴哪些内容来更好地包装自己？

核心问题在于你要如何定位自己以及如何高质量地描述和推广你所提供的产品和服务。

● **我的建议：**

很少有人能够对大众、市场和动机产生绝对影响，同样，也只有少数人能被归为伟人、实干家以及重要人物之列，因为他们不仅能够促进某个人的人格发展，还能帮助成千上万的人形成属于自己的独立人格。他们让许多人过上了其他人梦寐以求的生活。因为往往正是他们所带来的这种冲动、灵感和火花才促成了后面一系列至关重要的变化。

“她”就是这样一个人。她帮助她的观众找到这种动力，并为成千上万的个体和企业带来新的能量源泉。在她的帮助下，每个人都将动力十足地走向未来。

清扫楼梯都是自上而下的

经常有人问我该如何定位、如何组织公关文本和信息以及是否该采取某种方案。其实在我看来，决定性因素在于定位的视角。我的理论是：清扫楼梯都是自上而下的。也就是说，每个人都想要成为专家或赢家，他们想向已经实现他们目标的那部分人学习，而会对那些还在尝试一切可能的人不屑一顾。所以，请不要在展示自己的过程中让自己变得渺小，而要尝试相反的做法，即永远把自己想象得强大、更强大甚至最为强大！

> 永远把自己想象得强大、更强大甚至最为强大！

假设某人将数字化选为自己的主题，那么他可能会像很多人一样，以一种俏皮而讨巧的方式来描述自己的定位，比如：“9 岁时，他组装了自己的第一台电脑；14 岁时，他学会了第一门编程语言；19 岁时，他开设了自己的第一家网上商店，并在网上出售他的《星球大战》收藏品；27 岁时，他拥有了一家属于自己的 IT 公司；29

岁时……”下次上网时你可以关注一下，这样类似的表述在互联网上层出不穷。可以说，这就是所谓的“标准答案”，尽管一直以来我都很想知道，到底是谁告诉大家这样做能够取得成功？事实上，这并不是取得优势地位的方法。

我会以完全不同的方式来描述这个定位。我会在心里把这个人放置在最高的位置，比如将他想象为经济学家或德国整体经济发展评估咨询委员会的成员，想象他会为联邦政府提交年度报告。那么想象一下，一个会为联邦政府提供建议的人应该是怎样的形象？

- 我的建议：

当今世界正在经历一场数字化引发的彻底性颠覆和绝对性变革。数字化进程影响着世界上的每一个大陆和国家，当然，也包括所有的政府部门、国家机构、企业和社会组织。

“他”是数字化领域的专家之一，他了解国民经济与社会政治领域之间的关系、企业经济的现实意义与变革方向，以及如何以此为依托促进个人的成功与发展。无论在德国还是整个欧洲，他都是大型企业趋之若鹜的咨询对象。在他帮助下的众多企业能够在利用这场颠覆性变革的同时，取得和保持市场领先地位。

这里所说的定位并不意味着虚假的信息传递，而是将自身形象呈现为一种愿景、构思、蓝图、预期和未来，并通过这种方式让自己广为人知。具体来说，就是以你希望被感知的方式向外界展示自己，比如你的个人主页。更确切地说，你所展示的并不是自己的本来面貌，而是你希望别人看到的样子。而这就是所谓的公众形象。

假设和许多培训师一样，你拥有大量可供选择的培训主题，包括沟通培训、时间管理培训和各种各样的其他培训。而现在，你决定让自己成为公众眼中的时间管理专家。但同时，你又会有一些顾虑，不确定是否该全身心投入这一个主题，因为其他培训同样能为你带来很大一部分盈利。

> 以你希望被感知的方式向外界展示自己，比如你的个人主页。

内心坚定的人勇于且乐于摒弃陈旧过时的东西，而只专注于某个领域。对于拥有足够勇气与担当的人来说，这可能会是一个好方法。但我对许多客户的建议却是，不要彻底放弃曾经赖以为生的每一个主题，而要坚持下去以保障生计。很重要的一点在于，不要在公众面前暴露这些“题外活动”，即不要在网站、社交媒体、采访或其他渠道上对其进行展示。即使展示，也仅在相对较小的程度上使其可见。然后，你就可以在接下来几个月的时间里，在选定的定位角色里不断成长，并使其具备更为领先的行业优势。

如果这种方式对你来说完全行不通，那么你依旧可以遵循我之前提到的“外套定律”，即找到一个可以一以概之的整体定位。

伤痕让你变得更加强大

不可避免地，我需要在这里和大家讨论一下“伤痕”这个话题。很多人都曾经历过很多可怕的事情，无论是在童年、少年时期还是成年之后，这些经历给我们留下了大量精神上、情感上或者身体上（最糟糕情况下）的伤痕。或许是因为心理或身体上的虐待，或许是因为疾病或其他命运的打击，这些伤痕让我们感到痛苦，甚至可能让我们在很长一段时间里无法按照自己想要的方式生活。虽然伤痕的大小可能因人而异，但我相信，几乎没有人会毫无伤痕地度过自己的一生。

我真心希望，每个人都能在这些给我们留下伤痕的伤害中变得更加坚强，因为这说明这些伤痕是有意义的，即使我们经常忽略这一点。崩溃往往是人生突破的第一步。我发现，我目前为止有幸结识的所有大人物之所以变得如此伟大，正是因为他们学会了如何在生活中处理和应对一个又一个伤痕或伤害。我坚信，伤痕让我们成为更加优秀和特别的自己。

> 伤痕让我们成为更加优秀和特别的自己。

2001 年 9 月 11 日发生的恐怖袭击事件可以很好地证明这一点。在这决定命运的一天里，倒塌的美国世贸中心夺走了无数人的生命，也给纽约市留下了有史以来最严重的创伤和伤痕之一。从那时起，我感受到了纽约及其民众所带来的不同以往的氛围，因为从过去到现在，我每年都会以较高频率来到这座伟大的城市。

“9・11 事件”发生之前，纽约这座城市给我的感觉就是生活节奏非常快，一切只讲求“速度化”。如果我不小心绊了一跤，很可能所有人都会毫不停留地从我身边飞驰而过，甚至必要时直接从我身上踩过去。没有人会在其他事情上浪费时间，每个人都很忙碌。道理很简单：如果你不能跟上这座城市的节奏，那么你就会被时间的车轮碾压而过。而在“9・11 事件”之后，我感觉整座城市的灵魂发生了彻底的改变。如今，你甚至根本不会在这里摔倒，因为在你踉踉跄跄的那一刻，就会有人站在你身边抓住你。

在一次乘坐公交车时，我尴尬地发现我的车票不见了。然而，出乎我意料的是，我笨手笨脚地翻找并没有让那些因我而延长等待时间的其他乘客感到厌烦，恰恰相反，在我还没来得及反应的时候，另一位乘客已经用他的车票帮我进行了验证并付了钱。这是在“9·11事件”之前完全不会出现的人文关怀。在我看来，纽约已经从这段痛苦的经历中走了出来，并变得更加强大。

另一个例子：我的“黄金计划”课程中有一位非常特别的参与者——詹尼斯·麦克戴维（Janis McDavid）。毫无疑问，他有着非同一般的人生经历。詹尼斯生来就没有四肢，但他的生活却比许多四肢健全的人更加精彩和激动人心。身体上的缺憾无法弥补，但他学会了接受，并把它视作自己人生的一部分。他治愈了自己情感上的创伤，并成为世界舞台上最优秀的主题演讲者之一。

伤害和伤痕的第一个好处是针对个人而言的，如果我们能够（或学会）正确面对伤痕，那么它带给我们的将不仅仅只是伤痛，还有更加强大的自我，因为我们可以从中得到成长和发展。而第二个好处则更多与事业相关，伤痛的过去为你提供了可以分享的话题与事例。如果你曾经历过某些可怕的事情并已经治愈了自己，那么你可以帮助其他正在经历相似事情的人疗愈自己或至少减轻他们的痛苦。或者，你也可以帮助那些还没有遇到这些事情的人们提起注意，使其免于落入这种境地。尽管这听起来很功利，但请永远不要低估伤痕的力量。

那么现在我想问你，你的身上都留有哪些伤痕？你曾遭受过哪些最严重的伤害，让你至今仍感到隐隐作痛？正是这些痛苦的经历能够带给你帮助自己和他人的力量。如果你有一个糟糕的童年，那么请教会大家如何成为更好的父母；如果你曾遭受暴行，但仍过着充满希望的充实人生，那就请教会大家如何培养这种心态；如果你曾经历生意上的失败并最终扭转了局面，那么请和大家分享应如何取得成功；如果你能够克服恐惧，那么请向大家展示你是如何做到的；如果你曾经战胜疾病，那么请把你的经验传授给大家并告诉大家应如何改善健康。伤痕可以帮助你找到通往杆位的道路。

伤痕可以帮助你找到通往杆位的道路。

缺点和怪癖塑造了独一无二的你

你是否认为，如果你公开承认了自己的不完美并让大家看到了你的脆弱和缺点会损害你的个人品牌？相信我，这一切并不会发生，因为人无完人，没有什么是真正完美的，品牌也可以存在缺陷。

品牌也可以存在缺陷。

很多人认为品牌必须且应该是完美无瑕的，这其实是一个很大的误解。事实上，即使有些品牌并不完美，却并不妨碍它们取得成功。想一想苹果公司那个漏洞百出的封闭系统，它甚至不适配于其他型号的插头和转换接头。还有微软公司，尽管总是被抱怨，却仍有数百万人不断购买和使用着它的产品。

再以温布尔登网球锦标赛为例，作为历史最悠久且最具声望的世界性网球公开赛事，它被称为“网球圣地”并非空穴来风。这里也保留着一些怪癖——或者更亲切地说是传统，因为温布尔登仍然以这种方式保留着它独特、古老而优雅的性格特点。90% 以上在这里进行比赛的选手必须穿着白色的球衣，而草莓配奶油则是观众在比赛期间可以享用的传统零食。此外，他们还要忍受比赛期间在该地区十分常见的倾盆大雨，并且连眼睛都不会眨一下。当温布尔登的赛场上充斥着五颜六色的球衣，并且不再有草莓作为零食，那么想来这也不再是真正的温网了。

许多品牌都有一些自己的特点，它们或令人讨厌，或引人喜爱。例如，在麦当劳，一种配料总会引起人们的关注。至少根据我在布吕梅尔胡伯（Blümelhuber）教授的讲座中听到的信息，市场研究证实，超过 60% 的麦当劳顾客不喜欢汉堡里夹着的腌黄瓜片，因此在开始享用之前，他们都会遵循相同的“仪式”：打开包装，拿起上面的面包片，拿出藏在中间的腌黄瓜片，然后把汉堡恢复原状。只有这样，人们才可以安心地享用汉堡。即使有人曾在点餐时要求“不加黄瓜”，但为了保险起见也还是要亲自检查一下才更安心，对吧？这时你可能会想，如果这么多人都不喜欢，取消腌黄瓜这味配料难道不是合乎情理的事情吗？确实如此，但他们也可以选择不这样做，只因这是麦当劳的怪癖。

显然，麦当劳对黄瓜情有独钟。2020 年 12 月 10 日，麦当劳曾在自己的网站上写道：“在众多圣诞节习俗之中，也许有一项已经被人们渐渐遗忘，那就是在装饰得五彩缤纷的圣诞树枝间寻找‘圣诞黄瓜’，找到的人将会得到一份特别的礼物。如今，许多美国人仍保留着寻找‘圣诞黄瓜’的传统，而这项习俗其实最初来自 20 世纪初期的德国。”据说当时，在德国图林根州的劳沙镇，玻璃材质的圣诞树饰品会被制成蔬菜的形状，其中也包括黄瓜。这些传统漂洋过海，在遥远的美洲成为那里的圣诞节习俗。

麦当劳巧妙地利用了这味有争议的配料，并以此为契机为自己制造了话题和关注。它在电视和网络上投放了一个关于圣诞黄瓜历史的广告，并有针对性地向顾客宣传：麦当劳手机应用程序的注册用户将会在圣诞日历中找到隐藏的圣诞黄瓜。而这正是良好定位应该实现的效果，即提升知名度。

没有绝对的真实

在探讨定位的过程中，“真实”是一个不可回避的话题，但保持真实其实是一种无稽之谈。在此，我想就这句话与你们每个人心中的批判思维以及这个世界展开一场讨论。

> 保持真实其实是一种无稽之谈。

我不相信真实，不是因为几乎没有人能够毫不犹豫地说出这个词，而是因为在我看来，这个世界上从来就不存在真正意义上的真实。当我们用搜索引擎搜索该词时，会出现一系列与其相关的问题，映入眼帘的第一个就是：“什么是真实的人？”答案是：“真实的人往往是诚实、自然、开放且放松的。他会表现出最本真的自我，包括自己的优点或缺点。这样的人始终保持着内外的统一，并影响着身边的每一个人。”但我不得不说，事实其实并非如此。在我看来，每个人都生活在既定角色之中——一个全新且大多数情况下“跳脱于自己舒适区之外”（引用励志演讲者们的绝妙表述）的角色，这一切本来就并不真实，也无法真实。

尽管培训师的身份对我来说已经并不陌生，但舞台上的我仍无法做到“真实地表达自己”。至少与别人私下里对我的印象相比，那并不是真实的我。日常生活中的我其实非常内向，甚至可以称得上极度的害羞和沉默寡言。现在回想自己第一次登台亮相时的表现，绝对和“真实”没有丝毫关系。尤其当你站在舞台上、面对着数以万计的观众时，你完全不会注意到周围还有其他人的存在。你能看到的只有聚光灯在你身上投射出的明亮光芒。作为所有人的关注焦点，舞台上你的动作、手势以及展示事物的方式都与日常生活中完全不同。又或者说，只有保持与日常生活中完全不同的状态，你才能在数万名观众面前取得良好的活动效果。

假设有这样一位年轻人，他决定从今天开始成为一名银行柜员。然后，他开始日复一日地穿着西服或职业套装在柜台前为客户提供服务。然而，穿着这样一套板正的西服或职业套装的人怎么可能是真实的呢——在过去的 18 年里，除了参加宗教活动、毕业舞会和一两次葬礼外，想必这位年轻人从未穿过这样的衣服吧。所以，这只是一种伪装，仅此而已。但是，如果在接下来 30 年的职业生涯中，这位年轻人一直穿着西装、打着领带或穿着职业套装在柜台前工作，那么他可能已经在这个角色和服装中变得真实。而那个穿着休闲牛仔裤的人可能反而会被认为是不真实的。

在我看来，演讲者或培训师很少会在第一次公开露面时呈现真实的自己。相反，就像我们会在生活中扮演许多新角色一样，我们需要经历找到并适应这个角色的过程，再渐渐把它内化为自己真实的一部分。

我不想在这里就“真实性”这个话题进行过多的哲学探讨，因为这一主题的深度和广度足以写满整本甚至很多本书。当然，我的论述还不是十分成熟，想必也会引来很多人的口诛笔伐。但我只希望能够在这里向大家传递一个观点，即我们不可能永远真实或至少不是从一开始就是真实的，我们需要以某种方式在角色中不断成长。如果这能对你和你的未来有所帮助，我将不胜荣幸。如果并非如此，那么请忽略本节内容。

做自己

我发现很多人都想要不断地重塑自己，因为他们认为当下的自己仍不够完美。但在我看来，彻底的自我重塑是很难实现的。当然，我们可以这样做，有时也确实有必要这么做，但重塑的结果真的会是一个全新的自我吗？众所周知，重塑往往不是对一个人的彻底颠覆或完全改变，而是一种将现有观念聚焦于未来的适应或调整。

我认为，每个人都应在现有经历的基础上进行职业生涯规划。

我认为，每个人都应在现有经历的基础上进行职业生涯规划。因为我们迄今为止所经历的一切已经为我们提供了一个很好的基础。无论是出于自愿还是迫不得已，那些包括伤痕在内的人生经历为我们提供了丰富的分享素材。

许多对培训师或演讲者行业感兴趣的人曾问我，哪个领域是最容易获取成功的。对此我总会问道："目前为止你都做过些什么？"引用美国人常说的一句话："Been There, done that."，意思是我们每个人都曾经历过某些独特或特定的事情。所以这是与个人经历紧密相关的，用亲身经历的所见所得加上心之所向（详见后文），才能制定出准确且有意义的职业生涯规划。

生活中的成功不仅取决于我们做了什么，即已完成的事项和成就，还取决于我们没有做什么，即不做的事项。我们明确不做的事项越多，我们的定位就会越清晰。那么，你必须从近乎取之不尽的主题和活动领域中剔除哪些内容，以便将你的优势集中在表达自己真正擅长的领域？或者换句话说，哪些事情不适合你？

“为什么”的答案来自积极的生活

如今，许多人认为无论如何都要找到属于自己的“为什么”，而这个问题在我们这一代人中几乎从未存在过。大家都只是尽可能早起去做该做的事情，然后晚上回家睡觉，并日复一日重复着这样的生活。如果有人执着于这种对更深层意义的探寻，可能会遭受他人的嘲笑。在我看来，“为什么”可能会引发利己主义风险，而“为了什么”或许是一个不错的替换选择。在我背负巨额债务时，驱使我的动力很明显只在于我不想背负债务，不想每天两次接到银行的催款电话。除此之外我并没有更深层的考量。

如今人们看待和处理这个问题的方式越来越让我感觉到，对意义的探索给人们带来的往往是阻碍而非启发。很多人浪费了数周、数月、数年甚至生命中大量的宝贵时间，试图找到“为什么”这个问题的答案。在我看来，这是有害且危险的，因为许多道路并不是思考就能找到的，而需要亲身的尝试和实践。相较于“一吃东西食欲就来”这句谚语，我更相信：“‘为什么’的答案来自积极的生活以及我们人生路上的每一步进取。”

很多人浪费了数周、数月、数年甚至生命中大量的宝贵时间，试图找到“为什么”这个问题的答案。

我最近刚刚在一家俱乐部里聆听了一场现场培训课程。一位参与者想要知道，为什么他没有获得自己梦寐以求的成功。如果站在讲台上的人是我，我会以极其务实且极具实践指导意义的建议来回应他，即他需要更加努力地工作，并以更加积极的姿态去实现自己的目标。然而，俱乐部培训师却说，这可能是因为他还没有足够清楚地找到自己这样做的意义，即属于自己的“为什么”。这位参与者立即同意了他的观点，并发誓要更深入地思考这个问题。什么？！

我们或许可以在某些情况下通过简单地思考找到“为什么”的答案(尽管我对这一点深表怀疑），但这一定不会帮助我们立刻获取成功。

很多成功人士都在没有找到明确“为什么”的情况下，取得了行业领先地位。这其实是合乎逻辑的，当其他人还在思考、犹豫甚至抓狂时，他们早已采取行动并取得了成功。因为他们为成功付出了时间，且没有把时间浪费在回答那个我至今仍怀疑其相关性的意义探寻的问题上。

人们对“为什么”这一问题的狂热追寻，或许来源于一个人——西蒙·斯涅克（Simon Sinek）。从法学院退学进入广告行业后，他在他的第一次 TEDx 演讲中提到了这个问题。他的演讲“伟大的领袖如何激励行动”是 TED 网站上观看次数最多的视频之一。斯涅克将其归纳为一个公式，即“从‘为什么’开始”，这也使他成为有史以来被引用次数最多的 TED 演讲者之一。他的同名书籍被翻译成多种语言在世界范围内畅销。如今，斯涅克已经是《纽约时报》和《华盛顿邮报》的撰稿人，他的这套方法还被应用于美国内利斯空军基地的训练之中。他提出：“人们不会为你所做的事情买单，而会为你所做事情的原因买单。”斯涅克说，不太成功的人会从做什么开始，再到如何做，最后到为什么。而充满热情且能够获取成功的人却恰好相反。

当然，也有人对此持批评意见。威特·艾佐德（Veit Etzold）教授曾说：“当我们把关于‘为什么’的问题置于首位，有时我们或许可以非常迅速和清晰地给出答案，有时却难以回答。”企业规模扩张专家利克斯·西斯尼（Lex Sisney）认为，从商业角度来看，“谁”应该优先于“为什么”。同时他也指出，西蒙·斯涅克实际上也认识到了这一点。在西斯尼看来，大公司首先要通过定义和强化他们的服务对象，以及他们试图在市场上解决的客户问题或需求来塑造自己的公司形象。只有这样才能进一步讨论“为什么”的问题。否则无论他们的使命宣言多么鼓舞人心，他们都会很快破产。通过这种方式，人们可以把公司的着力点集中在最重要的事情上，即满足客户需求，并且通过监控和适应这些需求，不断调整和创新公司的定位和服务。

我同样对西蒙·斯涅克的观点持批评意见。在他的演讲中，斯涅克只简单描述了像苹果或莱特兄弟这样的公司或领导者会执着于对“为什么”的探索。然而重点在于，斯涅克所讲的只是他自己的猜测，即一种推论。他认为他所讲述的故事主角（其中一些人已经去世）是这样行事的。然而这种说法是否属实，即他们是否真正回答了“为什么”这一问题，仍然不得而知。他只是给我们讲了一个故事，一个非常动人的故事！这个故事让他的人生走向了成功，也改变了许多人的生活：一些人因此而获得成功，一些人却因此陷入无尽的沉思。

> 我更愿意相信这个故事本身，而不是故事中所强调的“为什么”。

这个精彩的故事激励了包括斯涅克自己在内的许多人，这让我更加愿意相信这个故事本身，而不是故事中所强调的“为什么”。或者更准确地说，我们所讲述的所有故事可以却并非必须包含“为什么”，因为这是我们赋予自己的身份认同和自我描述。换句话说，成功从来不源于外部，比如工作、学位或金钱，而源于你每天对自己（以及未来对其他人）的自我描述。它能为你的定位注入活力，并且是独一无二的。

你来到这个世界并非偶然

我们总喜欢告诉自己，凭借一个人的力量是做不成什么的。但足够多的证据表明，这个观点是完全错误的。这个世界上迄今为止唯一有效运行的法则就是个人改变世界。不信的话你可以去网上看看！那些在许多方面给世界和我们的生活带来重大影响的个人或多或少都能在我们的人生道路上起到警醒、启发和提示的作用，开拓我们的视野并给予我们勇气。

网站的编辑团队在列举了不计其数的人物传记之余，还创建了各种名单，例如"100 位人类历史上最具影响力的女性"，其中包括统治者、政治家、作家、艺术家、科学家、和平倡导者、活动家以及许多为当今世界的发展做出过杰出贡献的女性。"100 位最具影响力的人物"名单中则囊括了曾在人类历史上发挥重要作用的人物，可谓百家争鸣、百花齐放，诗人、思想家、哲学家、科学家、统治者、将军、政治家、探险家、工程师、企业家和艺术家等不胜枚举。此外，还有一份关于"发明家、探险家和启蒙者"的名单。相信每个人都能在这里找到自己的灵感。

个人的想法和行为有时会给世界带来轰动性的影响和改变。

很多人最初其实并没有改变世界的想法，他们只是遵从自己内心的激情、向往和愿望，并在某些情况下取得了远超自己想象的巨大成功。其他的一切都会随着时间的推移而自然发生，因为他们的所作所为可以激励且影响许多人的行为方式。就这样，个人的想法和行为有时会给世界带来轰动性的影响和改变。

为伤病者奉献终生

亨利·杜南（Henry Dunant）从小就开始接触贫穷、伤病以及其他需要帮助的人群，并一直从事该领域的工作。1859 年，在索尔费里诺战役中目睹了伤员惨状的他，决定为此做些什么并自觉发起了救援行动，而这成了他人生的重要转折点。1862 年，他自费出版了《索尔费里诺回忆录》一书，该书在整个欧洲发行并受到关注。基于他的想法和书籍，伤兵救护国际委员会一年后在日内瓦成立，后更名为红十字国际委员会。杜南书中的建议也在很大程度上为《日内瓦公约》的制定奠定了基础。而这一切都源于他在经历了可怕回忆后产生的内在渴望。因企业经营失败，杜南在长达近 30 年的时间里一直生活在贫困和遗忘之中，但他却被视作国际红十字与红新月运动的创始人，并于 1901 年因其生平成就获得了首届诺贝尔和平奖。

反对不公正待遇

1955 年 12 月 1 日，非裔美国人罗莎·路易丝·帕克斯（Rosa Louise Parks）在美国亚拉巴马州蒙哥马利市被捕，原因是她坚决拒绝为白人乘客让座。在当时的美国，种族隔离是绝不允许被打破的。帕克斯对这种不公正现象的勇敢反抗成为“蒙哥马利巴士抵制运动”的导火索，同时标志着美国黑人民权运动的开始。美国历史上的一大重要转折由此开始上演，美国法律甚至整个美国都因此发生了改变。1996 年，罗莎·帕克斯被授予自由勋章。20 世纪 90 年代末，美国《时代周刊》将她评为“20 世纪最具影响力的 100 个人物”之一。在她去世多年后的 2012 年 4 月 18 日，历史的车轮周而复始，深色皮肤的美国总统巴拉克·奥巴马（Barack Obama）来到了亨利·福特博物馆，他坐在罗莎·帕克斯曾经落座的那个公交车座位上，纪念她的成就，感谢她作为开路者为他提供了成为美国总统的可能。他曾在一次演讲中这样评价她：“罗莎·帕克斯从未担任过任何政治职务，也并非生来就拥有财富或权利，但在60年前的今天，罗莎·帕克斯改变了整个美国。”

为环境保护而战

菲利克斯·芬克拜纳（Felix Finkbeiner）曾在小学四年级时以气候变化为主题进行过一次演讲。演讲中他建议每个国家的儿童都应种植一百万棵树。此外，他还与学校里的其他孩子于2007年3月28日共同创办了“为地球植树”组织。仅仅三年后，他们就实现了种植一百万棵树的倡议目标。十年后的2017年，该组织在67个国家拥有13万名员工和7万名会员，并负责联合国“为地球种树10亿棵”活动的开展。2009年，菲利克斯因其对环境的特殊贡献而获得巴伐利亚州奖章。2011年，他被英国《卫报》评为“20位环保卫士”之一，并被德国《焦点周刊》评为“100名最具影响力的德国人”之一。2013年，他获得巴伐利亚州议会公民文化奖，一年后获得德国文化奖，2015年被《读者文摘》评为“年度欧洲人”，并获得2016年德意志联邦共和国荣誉勋章。所有这一切都是在他还很年轻的时候发生的。如今，他刚刚从苏黎世联邦理工学院环境系统科学系获得博士学位。

菲利克斯并不是唯一一个在年轻时就致力于实现更高目标的人。想一想为保护气候而奋斗的格蕾塔·通贝里（Greta Thunberg）、致力于保护女孩及其受教育权的马拉拉·优素福·扎伊（Malala Yousafzai）以及希望能够消除世界海洋塑料垃圾的柏杨·史莱特（Boyan Slat），此类事例不胜枚举。你一定也可以想到很多改变世界或给身边人带来启发的人物事例。只要细心观察，你甚至可以从你周围的环境中找到这样的人。当然，你自己也可以为身边的人带去这样的影响和变化！

所有人来到这个世界上都并非偶然。这句话适用于包括你我在内的每一个人，也就是说，每个人的诞生都是有原因的。马克·吐温（Mark Twain）曾说过这样一句话："你生命中最重要的两天就是你出生的那一天和你找到诞生原因的那一天。"即使目前为止你可能还没有找到属于自己的原因，但它会一直存在，因为渴望已经在你的内心生根发芽。而在追寻原因的过程中，你需要想清楚的关键问题其实很简单：你的渴望究竟是什么？

> 所有人来到这个世界上都并非偶然。这句话适用于包括你我在内的每一个人。

所以，这一切无关规模、无关声望，也无关财富，你需要思考的问题只是你想在什么样的舞台上向人们传递怎样的信息？我们不需要做出什么不同寻常的惊世之举，有时候往往是一些小事产生的巨大影响会最终改变世界。重点在于你的行为所引发的积极效用，即你为个人、公司甚至全人类带来的改变。这意味着你成为想法、战略、项目或企业发展的推动者，并因此作为先驱者和激励者对世界和经济发展产生了积极影响。

遵循内心的选择

在检验你的定位能否为你获取收益之前，你必须清楚自己真正想要的是什么。你的内心究竟愿意选择什么立场？也就是说，我首先预设你和你的内心之间是存在差异的。因为在我看来，大脑是我们内心最大的背叛者。

当我们想要对自己真正想做的事情做出理性判断时，我们几乎无法真实地看待自己和自己的需要。因为我们会受到怀疑、恐惧、希望、顾虑、自卑等情绪以及竞争和市场整合等想法的影响。大脑总会考虑一些内心不会考虑的未知因素，包括风险、敏感性、障碍和限制等。

> 在我看来，大脑是我们内心最大的背叛者。

当我询问你的心之所向时，我其实是想说：你真正想要的是什么？你最大的愿望是什么？如果没有任何限制,你会从事什么工作？如果没有失败的可能，你会选择做些什么？埋藏在你内心深处的真正动力是什么？什么会让你大清早欢呼着从床上蹦起？什么会让周一成为你一周中最美好的一天？这个问题非常重要，因为从事自己真正热爱的行业永远会让我们比只为了赚钱而从事某些行业更加成功。这与内在动力、激情以及幸福感紧密相关。

回想当初，我为自己设定的商业方向是销售、营销以及企业成功，尽管我内心更想成为一名励志演讲者。但正如我所说，当时的励志演讲市场已经有一位非常优秀的前辈存在，我的大脑让我相信市场已经没有空间容纳第二位成功的励志演讲者。所以我违背自己的意愿做出了决定，却仍然取得了成功，甚至可以说是巨大的成功。我无法否认这一点，因为历史无法假设，我永远不会知道，如果我能从事自己真正热爱的行业将会取得多大的成功？

我不喜欢在书中提供某些待填写的事项清单，以便读者自行制定相应的规划，或许只是因为我并不喜欢这种经典的建议形式。此外，我不得不承认，我并不是一位讨人喜欢的演讲者和培训师，我也并不喜欢成千上万的练习、角色扮演和其他杂七杂八的培训手段。在我看来，这些只会浪费时间，并让课程讲师有机会在几乎不需要做任何工作的情况下轻松地享受生活。我是一个实事求是的人，我希望能够快速、务实且专注地推动事情向前发展。当然，如果这一切并非你内心真正所求，那也都是无用的。

如果一定要在这本书中指出一个让你进行反思和静心思考的地方，那毫无疑问就是这里。现在我想问你:“你想做什么？你的心想做什么？你的使命是什么？”我希望你能在这个重要的节点停顿一下进行反思,因为我已经遇到太多人完全不知自己真正的所思所想。我衷心希望看到的最佳情形是，每个人都知道自己的心之所向，却只是找不到实现它们的途径和方法。或许是因为他们过多地向外寻找原因，又或许是他们已经成功地说服自己，因为他们还不够优秀、不够博学或经验不足，所以仍与自己内心所设定的理想形象存在差距。

你想做什么？你的心想做什么？你的使命是什么？

如果你认为“你的心想做什么”这个问题过于深奥而让你无法作答，或许以下问题中的某一个能够帮助你探索自己的内心：你来到这个世界的原因是什么？什么驱使着你不断前进？你的使命是什么？你想给自己讲述怎样一个关于你自己的故事？你想给这个世界带来怎样的改变？如何让这个世界变得更好？

在开始寻找线索之前，请有意识地感受一下你心脏的力量，每天它都会强有力地跳动 10 万余次，为你带来活力与生机。感谢一直以来为你跳动的它，在你曾经经历的每一刻都与你相伴。你无须为此付出代价，也无须奋力争取，因为这是你与生俱来的礼物。

通往心灵的冒险之旅

我曾在网站上与大家分享过一次体验式冥想之旅，即通往心灵的冒险之旅。现在我将其文本列在此处，希望能帮助你找到真正的心之所向。

> 你的使命是什么？许多人在追逐梦想与事业的过程中奉献了自己的生命乃至一切，他们为自己也为这个世界的进步做出了杰出贡献，同时为人类历史的发展进程奉献了自己的一份力量。
>
> 回顾过去，近千亿人都曾表示，希望自己的子孙后代能够过得更好。如今存活于世的近十分之一的人口仍致力于实现这个千亿人的梦想。而曾经的十分之九，即九百亿人都是怀揣着这个梦想直至死去。也就是说，我们每天都会有意无意地走过九百亿座坟墓。这九百亿份责任让我们中的大多数人都曾致力于推动世界的发展，让世界变得比之前更加美好。
>
> 所以我想问你的问题是：你的使命是什么？你为什么要来到这个地球？你想做些什么？
>
> 人类的创造力都曾留下过哪些痕迹？发动过的战争，创造出的信仰，征服和定居过的土地，以及不计其数的创作作品：《圣经》《一千零一夜》《神曲》《鲁滨孙漂流记》《少年维特的烦恼》《卡萨诺瓦归来》《白鲸》《爱丽丝梦游仙境》《布登勃洛克一家》《荒原狼》《城堡》和《堂吉诃德》，还有那些历史长河中的耀眼星辰，包括画作《蒙娜丽莎》、雕像《大卫》，以及金字塔、长城、金门大桥、泰姬陵、埃菲尔铁塔、自由女神像、圣彼得大教堂、古罗马斗兽场、吴哥窟寺庙群、布达拉宫、威尼斯总督宫、哈利法塔和皇家啤酒屋。
>
> 如果人类没有创造出这些珍贵的瑰宝，世界将会如何？没

有房子、没有汽车、没有机器、没有工具、没有一切，我们将真正意义上的一无所有。每一项手工艺、经济、科学和艺术作品的背后都有着一位璀璨夺目的光辉人物：苏格拉底、达·芬奇、圣雄甘地、亚里士多德、温斯顿·丘吉尔、纳尔逊·曼德拉、亚历山大大帝、约翰·肯尼迪、成吉思汗、阿尔伯特·爱因斯坦、圣女贞德、披头士乐队、史蒂夫·乔布斯、查理曼大帝。不要忘记每一位名垂青史或寂寂无闻的先辈，即使你并不认识他们，但他们也曾拥有自己的梦想。要相信自己并非独自一人，你的祖父母、父母、每一位先辈以及全人类都是你强有力的后盾，你可以去做自己想做的一切。已经站在巨人肩膀上的你，同时背负着几代人的希望与寄托，所以请不要就这样无所事事地度过一生。

因此，请认真思考并诚实地面对自己。你想做什么？你为什么而奋斗？你正处于怎样的人生阶段？你前进的目标是什么？你是否已经出发并找到属于自己的那条路？你想创造和实现什么？什么对你来说是真正重要的？你可以、应该、将会且必须关注什么？

是否有一天早上醒来，你发现自己并没有过上曾经想过的生活？你是否忘记了自己小时候的梦想，在世界改变你之前你有多想改变世界？多少次在机场或火车站，你想要带着自己的向往与梦想奔赴远方，最后却选择独自一人留在家里？

永远不要放弃自己的幻想与梦想，因为当它们消失不见，继续存在的你将无法真正享受人生。

你的人生道路上是否曾充满欢声笑语？你曾在孩童时向自己承诺，会用一生的时间去完成某些事情，而现在的你却可能让自己感到失望。永远不要怀疑自己，也不要怀疑一个人或一小群人可以改变世界。因为这是世界上迄今为止有效运行的唯一法则，而现在轮到你上场了。

遵循自己内心真正的渴望，让它引领你不断前行，同时享受生活中所有的梦想、忧虑和愿望。还在等什么？狂欢已经开始！现在就出发吧，去踏上属于自己的征程！

你的魔法时刻

回顾一下迄今为止你所经历的人生旅程，是什么让你第一次想要感谢上苍？你曾见证和经历过的哪些事情给你留下了深刻印象？你获得过哪些值得庆祝的成功？你见证过哪些伟大的成就？这个世界曾给予你怎样的馈赠？

这些都是你的魔法时刻。现在，尝试让自己沉浸在这些瞬间，当时的你听到了什么、看到了什么、闻到了什么，你为什么以及如何发出尖叫并且放声大笑，你是怎样的欢呼雀跃、手舞足蹈，当时的你有多自豪？记住那些让你感觉棒极了的瞬间，无论是溪边一颗美丽的鹅卵石、一次练习、一堂课、一座你爬过的山，还是你因硕士或博士期间的优异表现而收获的赞美。所有这些幸福和成功的时刻结合在一起，构成了今天这个无与伦比的你。你的心脏正在为你不断跳动并演奏出动人的旋律，而这一切美好的发生都只因为你。

> 即便有时候你未能实现自己的目标，但你所获得的经验是不可替代的。

但你可能不只经历过美好，生活中也总会存在着一些不尽如人意的地方。所以，让我们同样抱着感恩之心去看看生活中的另一面，尽管一开始这可能对你来说并不容易。你能从负面经历中学到些什么并获得哪些经验？即便有时候你未能实现自己的目标，但你所获得的经验是不可替代的。有多少次的努力未能得到想象中的回报？但你从中吸取的教训、获得的经验让你最终成为今天这个多面而全能的自己。

在你的人生道路上，有多少其他人给你设置的障碍最终成了你人生里程碑的重要基石？再次回顾这些时刻并感受它们，回想你当初的愤怒、仇恨、失望和所有不同寻常的情绪，正是它们让你的人生发展到如今这般。

那么这些究竟给你带来了什么？在你构建价值体系的过程中它们起到了怎样的作用？你最终形成了怎样的价值体系？你是否会为正义挺身而出并在世界舞台上伸张正义？你是否主张对所有事情做出改变？你是否感到不公平、不舒服或不平等，想要改变甚至彻底消除这个世界上的某些事物？你是否愿意让这个世界保持现状，或者你是否想为这个世界做出某些贡献——无论是作为演讲者、顾问、咨询师、企业家、服务商，还是一个普普通通的人？

我想要帮助大家赚钱，因为太多人未能获得应有的回报，这让我感到无比可惜甚至厌烦。我曾收到很多人发来的邮件，他们之中不乏受过良好教育、完成大量培训和拥有优秀文凭的知识分子，但最糟糕的情况是，他们中甚至有人付不起房租，就连在月底买一杯速食泡面都是一种奢侈。受自身经历尤其是身背债务的影响，我开始致力于帮助人们获取成功和金钱。因为所有来找我寻求帮助的人都不想花费一分钱，却希望未来能赚到大笔的财富。因此，我

受自身经历尤其是身背债务的影响，我开始致力于帮助人们获取成功和金钱。

和我的团队将口号定为“我们让你变得伟大”。我们将个人打造成品牌，让他们和他们的专业知识为人所知，帮助他们获得应有的回报进而征服世界舞台。

做好定位的自查

一旦明确了自己的心之所向，你就可以对它进行检验，看它是否能够为你带来足够多的好处，并帮助你构建一个坚实的定位基础。以下四个方面能够帮助你完成定位自查。

B2B 市场的相关性

如果坐在你面前的人对你所说或所提供的内容完全不感兴趣，那么你的行为将变得毫无意义。吸引人们的关键是相关性。当人们意识到，他们所听到的信息与自己、自己的公司或自己的生活息息相关时，你的培训或演讲才能真正发挥作用。

在“让他亲身尝试”的口号下，人们的心态可以从消费者转变为被影响者，其关键在于将旁观者转变为切身参与者。我对此的总结是：痛苦相关性越高，预订接受度就越高。因此，你需要考虑的第一个问题就是：你所钟爱的主题是否对你的潜在企业客户有所帮助或与其息息相关？如果你能够提供客户切实需要或真正想要的东西，那么你就能占领市场，因为客户会愿意为你的产品付费以减轻自己的“痛苦”。

友情提示：企业真正想要的是什么？或者换句话说：企业会把钱花在什么地方？答案其实很简单，所有的企业都想要更多的好处和更少的坏处，也就是说：

- 更高的销量
- 更多的利润
- 更多的生产能力
- 更高的效益
- 更积极进取的员工
- 更优秀的员工
- 更多的创新
- 更多的创意
- 更高的效率
- 更高质量的会议
- 更多的客户
- 更多的信息
- 更多的员工，等等

同时他们想要：

- 更低的成本
- 更少的病假
- 更少的消极情绪
- 更少的非生产性时间
- 更少的抱怨
- 更少的休息
- 更少的亏损，等等

你的主题是否至少符合上述要点之一？如果你能给出肯定回

答，那意味着你拥有一个很好的定位基础，同时具备征服这个市场的潜力和可能。

B2C 市场的相关性

很多话题适用于企业客户，但于普通公众而言却并不重要。同样，很多话题于企业而言毫无意义，却与公众高度相关。

从某种意义上说，个体与企业想要的东西是一样的。我们也想要更多的好处和更少的坏处。比如，我们希望改善人际关系，拥有机会、成功、金钱、理想的体重、更好的记忆力、宠物、事业、创造力、性、积蓄、灵性、运动能力和知识，提高效率，保持健身和旅行，变得时尚、健康、幸福和美丽等。

许多主题可以涵盖 B2B 和 B2C 两个业务领域，其重叠度或高或低，因时而异。

- 当人们以提高记忆力为目的参加某项活动时，记忆训练师无疑会大受欢迎。同样，记忆训练也是企业活动的热门主题，因为更好的记忆力能够帮助员工创造更高的业绩。
- 幸福感这个话题在公共领域十分流行。而现在，也出现了首批以“工作幸福感”为主题的演讲者，他们开始登上并征服企业活动舞台。因为毫无疑问，能在工作中感到幸福的员工一定会有更好的业绩表现。
- 此外，驯狗师行业其实是一个价值数百万美元的市场。他们可以在 B2B 业务领域向拥有护卫犬的公司、机构和军队等提供服务，相关人士甚至还成立了联邦办公犬协会。而在 B2C 业务领域，几乎所有的狗主人都是他们的潜在客户。

你的主题是否至少符合上述要点之一？如果你能给出肯定回答，那意味着你拥有一个很好的定位基础，同时具备征服这个市场的潜力和可能。

是否足够稀奇古怪

你是否有一个异想天开的话题？它是否足够稀奇古怪？你正在做一些与众不同的事情吗？大家是否（几乎）从未见过这样的事情？它是不是真的很特别？或者极具争议性？如果你以及你所选中的主题符合上述要点之一或与其类似，那就说明你已经处于一个比较有利的初始位置。因为人们总是喜欢了解更多奇怪的事情，这种定位对书籍和（社交）媒体来说尤其有效。

- 在马库斯·兰兹的脱口秀节目受到社会广泛批评之前，护林员彼得·渥雷本（Peter Wohlleben）曾三度参加该节目。如今，他已写作出版了近十几本书籍，其中就包括名声大噪的《树的秘密生命》。他在书中描述了树木之间的交流方式，还描述了它们如何充满爱心地照顾自己的后代以及年老或生病的相邻树木。在他看来，树木也是有感觉、情感和记忆的。这或许令人难以置信，但却是事实。于读者而言，这是闻所未闻的奇谈怪论，同时也极具争议性。
- 一对夫妻曾乘坐动力滑翔机飞越半个地球，他们的故事在电视节目中反响良好且为他们带来了高额利润。

如果你能乘坐一艘脚踏船漂洋过海，或长期喂养一只得了腮腺炎的仓鼠，或维持距离超过一万公里的异地恋情长达数年，或开着一辆大众巴士面包车环游世界，或坚持每天健身三个小时等其他类似的事情，那么这将是你打开知名度和销路的绝佳机会。你能带来的摇头或惊讶越多，于你而言越好！要知道，人们不是只在一年一度的庙会上搜罗稀奇古怪的物品和信息。

你的主题是否至少符合上述要点之一？如果你能给出肯定回答，那意味着你拥有一个很好的定位基础，同时具备征服这个市场的潜力和可能。

能否征服网络市场

据我所知，几乎没有什么是不能在网络上展示的。就此而言，这也同样适用于你。

相比于从前，现在人们会花费更多的时间坐在电脑前观看视频、与朋友线上聊天、学习、深造、了解他们感兴趣的信息或工作。另一方面，服务商会提供在线课程、云视频会议、策划大师等多种多样的数字化现场或录制活动。餐厅无法接待堂食时，人们可以通过在线课程学习烹饪并购买其配套产品和服务。瑜伽工作室也可以将瑜伽课程转移到虚拟空间。顺便说一句，只要发挥一点儿创造力，那些我们通常认为在网络上行不通的事情就可以登上线上舞台。

已经上了一些年纪的我还记得互联网刚刚出现时的情形。在线上交易刚刚起步以及亚马逊只卖书籍的那个年代，有人会问：究竟哪些产品可以在网络上销售？如今看来，当时的很多答案都是十分可笑的。例如，人们显然无法在网上购买鞋子，这将如何运作呢？毕竟鞋子是要试穿的，而这一点在网络上是不可能实现的。而如今，当我查看线上鞋子的销量时，线上销售的鞋子数量明显比线下更多，作为需要 51 鞋码的我终于可以在网络上买到合适的鞋了。同理，夹克、裤子、上衣、连衣裙，以及药品、食品和饮料等几乎所有物品都可以在网上进行销售。

这样的例子多如牛毛，不胜枚举。所以当我有一天发现，我们家的花园池塘迫切需要专业护理甚至彻底翻新时，处于数字时代的我会选择怎么做呢？没错，去问值得信赖的搜索引擎。我在这里找到了家里花园池塘的拯救者。

完美！买书—下单—预约一条龙，直接搞定！如你所见，即使是养护池塘这样的事情也能在网络上找到准确有效的信息。

在线业务中流行的信息公式是“如何在 Y（时间）内实现 X（目标）而无须付出 Z（努力）”，例如：

- 如何在不运动的情况下两个月内减掉 10 公斤。
- 如何在不花费大量时间的情况下每月赚到 1000 欧元。
- 如何在不彻底翻新的情况下立即拯救你的花园池塘。

你有一个可以在线呈现的主题吗？正如我所说，几乎没有什么主题是不能在网络上呈现的。如果你能给出肯定回答，那意味着你拥有一个很好的定位基础，同时具备征服这个市场的潜力和可能。如果你的主题无法直接进行线上交易或登上网络舞台，那么请发挥创意，认真思考是否有其他实现的方式和途径！

小结

现在，你已经对以上四个问题都进行了作答。那么，你能给出几个发自心底的“是”的回答？好消息是，如果你能够就其中一个问题给出肯定回答，那么你的定位就已经合格，并意味着你找到了一个可以基本满足自身需求的市场。这并不是开玩笑！一个“是”就已经足够了，它能够帮助你更加接近杆位。但毫无疑问，针对这四个问题的肯定回答越多，你的可选范围和发展空间就越大。

当然，你也可能在检验主题的过程中，对所有四个问题都给出肯定的回答。让我们再次以记忆训练师为例：许多公司肯定都对这个主题很感兴趣，他们很乐意支付数千欧元（不久可能会更多）来预订你的演讲。同时，这也是一个很受公众喜爱的话题，你可以在大厅或舞台上呈现自己的表演。此外，记忆训练还是一个令人好奇且颇具争议的话题，因此非常适合出现在电视或书籍中。我本人已经辅导过两名记忆训练师，并成功帮助他们进入德国版《想挑战吗》电视综艺节目。借助数字化手段，人们可以轻松通过线上研讨会和工作坊进行记忆训练！当然，这种方式也同样适用于健康、减压、提高绩效等广泛的话题。

如果你认为，有些主题仍不够稀奇古怪、引人注目和标新立异，因此也不足以成为一个能为你带来收益的定位，那么我可以向你保证，你可以让任何一个看似平凡、无聊和没有吸引力的话题变得有趣和令人向往。我们会在讨论讯息和“热门话题”时再次谈到这一点（详见第 5 章）。

> 你可以让任何一个看似平凡、无聊和没有吸引力的话题变得有趣和令人向往。

第 4 章

学会“讲故事”

合适的故事很重要

我们生活在“信息经济”之中，即一个需要讲故事的社会。一直以来，“讲故事”这件事被很多人挂在嘴边，但在我看来，它更多是指讲故事的方式和方法。维基百科将“讲故事”定义为一种叙事方法，即通过中心思想、象征符号、隐喻或其他修辞手段传递字面含义以及更重要的引申含义。“讲故事”一词与叙事密切相关。在教育、知识管理和企业沟通等领域，讲故事被视作解决问题和市场营销的重要手段。在科学领域，人们通过讲故事的方式向非专业观众传达专业知识，但有时会因其所谓的心理操纵性而被放弃使用。“信息经济”一词的含义则更为深层，它意味着无论是否有人会讲故事，我们都生活在一个以信息和叙事为生的社会之中。在过去，人们更看重产品和产品质量，而如今，故事却占据着主导地位。

在过去，人们更看重产品和产品质量，而如今，故事却占据着主导地位。

真实与现实

我经常会在各所大学举办营销、创业等领域的宣讲和讲座，而在耶拿大学的时光尤其让我感到意趣非凡。大学的伦理学教授在课堂上与学生探讨的问题，总会让我感到惊讶甚至目瞪口呆。比如说，他们讨论的问题之一是植物或石头是否有感情。这些问题和由此产生的讨论让我非常着迷，因为它们总能带给我对现实和世界的全新看法，同时开拓我的视野、突破我的思维局限。他们所提到的很多角度和方面都是我从未真正思考过的。

多年来的经验告诉我，于每个人而言最重要的事情是要认真思考你所接收到的每一条讯息中所包含的内容和观点，而不是从一开始就斩钉截铁地拒绝它们。理解别人的想法（或至少尝试这样做）是非常有帮助的，因为基于不同的人生经历和知识积累，我们每个人对世界的看法都略有不同。以这个想法为例：宇宙其实并不在乎地球的存在与否。在浩瀚无穷的宇宙之中，这颗小小的行星根本无足轻重，更遑论居住在这个星球上的生物以及他们的想法或行为。即使他们过度开采、破坏并最终摧毁了自己的家园，或者发生了陨石撞击，无论发生多么恐怖的场景，宇宙都将继续存在。没有地球、没有生命、没有人类，也没有你和我，但宇宙恒长，无损无伤。

现在你是否感到无比悲惨和沮丧，因为一切都变得毫无意义，或者这种毫无意义其实就是最深层次的意义之所在。想象一下，如果无论地球发生什么都并不重要，包括最终发生在我们身上的一切也都无关紧要，那么我们就得到了你能想象到的最伟大的礼物——自由，即我们可以自行选择一个属于自己的意义并为此而生。

一直以来，我都在思考“真理”和“现实”的概念。在我看来，这些概念实际上与定位这个话题有很大关系。就我个人而言，深入思考这些问题所获得的见解能带给我极大的内心平静和自由。现在的我知道该如何集聚勇气，将自己的想法以文字或图片的形式表达出来并与全世界或至少与我的观众分享。我也很愿意和你分享我的观点，或许你也有相似的感受。

真实是相对的

在我过去发表的所有言论中，无论以何种方式或通过何种媒介，我总是不自觉地要求它们必须是完美、真实和包罗万象的。如果我想要表达什么，那么逻辑上它必须是百分之百正确的。这样的高标准让我越来越难以发表自己的看法和言论，因为我可能要在第一个场合进行定语限制，在第二个场合纠正调整，然后在第三个场合添加很多表示不确定性的虚拟语气，或者在最糟糕的情况下直接将其省略。

这里所写的全部内容都无须标榜绝对真实。

如今的我已然明白，人们无须这样强求自己。我的书只需要呈现我所认知的真实即可，或者更准确地说是我对真实的感知和理解。这里所写的全部内容都无须标榜绝对真实。因为普普通通的我自认没有那么聪明和睿智，无法看透世间的绝对真实。我在这本书中所分享的一切都只是我的经历、经验以及被我认知为真实的个人推论。至于这些“真实”是否真的与客观事实相符、切实可信或并非如此，我无从判断。每个人都可以自由选择以不同于我的方式去看待和理解事物，这是完全没有问题的。每位读者都可能从这本书中得到不同的东西——这取决于你们当前所处的环境和背景。

这种认识让我在舞台工作中收获了很多的力量和信心。我喜欢在每次讲座开始时就谈到“真实”这个话题，因为我想让观众早早明白，我并不是一位“真理大师”。我经常在活动中说：“我并不知道我所讲述的内容是否绝对真实，但我很清楚，我所分享的是我看待这个世界的方式。你们为我付费，所以现在我要告诉你们我看待事物的角度和方法。”它们是我基于我对这个世界的主观认知而形成的观点和看法，我希望能够通过分享自己的故事、经历和经验给人们带来激励和启发。我欣然接受上天赐予我的这份自由，也同样坚定地支持自己的立场和言论——毫无保留，没有“如果”和“但是”。而现在，我想将它留给我的观众——我的每一位听众、观众或读者，我想将这份自由分享给每一个人，让他们塑造属于自己的形象和观点，无论他们是否采纳我的分享。

一切都是主观的

实话实说，我们每个人看待世界和自己的角度都是局限的。价值观、信仰、偏见以及社会文化等多重因素都不断塑造、过滤和影响着我们的感知、思维和行动。

> 许多因素都不断塑造、过滤和影响着我们的感知、思维和行动。

让我们来谈一谈“美”这个话题。在我看来，女性无论如何都是更加美丽的存在。如今，在我们的文化氛围中，有一些标志或特征被视作美丽的普遍象征，其中既有长期流行的风尚，也有短期风靡的趋势。穿孔和文身这两种在如今看来毋庸置疑的时尚宠儿，在30年前的境遇却大相径庭。我们国家的女性会将手脚指甲涂成彩色，用口红突出唇部的色彩并通过化妆来彰显自己的美丽。而世界其他地区的一些审美或许对我们欧洲人来说，显得更加异域风情甚至近乎残忍。例如，缅甸南部的一些妇女仍保留着一种特殊的部落传统：女孩从小就会戴上脖环，并且随着年纪的增长逐年增加，进而从视觉上拉长她们的脖子，在她们看来这是美丽的象征。埃塞俄比亚的妇女会在她们切割且不断变大的下唇中放置木盘，木盘越大意味着越漂亮。即使你必须为此放弃几颗牙齿，那也是完全可以接受的。在这个国家流行着这样一句谚语：“想要美丽就必须经受苦痛。”

对此我想说的是，这里人们所讲述的关于美的故事与世界其他地区完全不同。而即使在欧洲，回顾历史我们不难发现，无论身材、发型还是肤色，人们对美的认知也是不断变化的。

现实的投影

这也充分说明，没有人曾抵达真正的山或海——他们只是感受到了山或海在自己心中留下的投影和想象。所以每个人对山和海的印象或看法都不尽相同，因为一直以来我们都是在自己的主观认知下接触和看待这个世界。因此，也不会有人能够接触真正的你，他们所接触的只是他们对你形成的个人认知和印象。这种外部形象可能与你对自己的看法（即你的自我形象）大相径庭。人们总是更倾向于关注范本和熟悉的图像，因为这便于他们迅速识别并进行分类，那么问题出现了：你应该如何改变你和你的企业的外在形象？以多大的程度和怎样的效率来进行？当你的外在形象发生变化时，你就可以带领大家踏上你正在经历的旅程。

通过精心地叙事设计，我们可以为自己编写一个特定的主观故事，即我们的故事以及我们想向观众或客户传达的信息和观点。

通过精心地叙事设计，我们可以为自己编写一个特定的主观故事，即我们的故事以及我们想向观众或客户传达的信息和观点。故事中可以包含论点和场景，且不必符合任何假定的客观事实。如果它一定要符合现实的某处真实,那么也只会是我们自己的主观真实。因为每个人都只能局限地看待世界和自己，我们的感知也都是局限的且受到多方面因素影响的。可以说，我们都在透过自己的主观滤镜看待和体验这个世界。

世界就是故事构成的

“20 世纪 90 年代以来，叙事被视作能够影响人们如何感知环境的一种有意义的叙述形式。它所传达的价值观和情感通常与国家或特定的文化区域相关，并且会随着时间的推移而发生变化。叙事背后的决定性因素不是内容的真实性,而是极具吸引力的共同印象。”让我感到颇为有趣的是，关于国家的叙述实际上却并不是基于真实的内容，而是以极具吸引力的共同印象为基础进行评估和记述的。而正是这些故事构成了我们所谓的文化。也就是说，无论文化的本质是什么，它的形成很大程度上取决于它向外界所传达的信息和形象。

成功的梦想

以《白手起家：沃克夫人的致富传奇》[①]为例，这个故事就是文学作品和流行文化中实现美国梦的经典形象和典型代表。它给穷人

① 这是一部于 2020 年 3 月播出的美国电视剧，该剧聚焦美国第一位白手起家的黑人女性百万富翁、一百年前的美容美发业大亨沃克夫人，讲述了她如何创建起为黑人女性提供美容健康产品的产业帝国的故事。——译者注

带来了希望，相信有一天他们也会变得富有。再比如，当人们哼唱着《纽约，纽约》的歌词，他们就会产生甚至超越美国民族意识的信仰与希望：如果你能在这里获得成功，那么世界都将任你驰骋。而这就是美国的定义——每一位白手起家者的梦想，美国梦的核心。

与众不同

苹果公司的最大突破源自彼得·伊科诺米德斯（Peter Economides）提出的广告宣传口号“非同凡想”（Think different）。而当时，规模远大于苹果公司的竞争对手 IBM 公司在宣传其个人电脑的广告中首次使用了“Think”这一口号。该口号最初由 IBM 公司首席执行官托马斯·沃森（Thomas Watson）于 1910 年前后提出，当时的他还在 NCR 技术公司工作。此外，IBM 公司超级计算机的名字如今仍以沃森的姓氏命名。所以，这其实是苹果公司一直以来，尤其是公司成立之初所坚持的反主流文化的集中体现。这个故事的文案也十分特别：

> “向那些疯狂的家伙致敬，他们我行我素，桀骜不驯，惹是生非，就像方孔中的圆钉，他们用不同的角度看待世界，他们既不墨守成规，也不安于现状。你尽可以支持他们、反对他们、赞美他们或诋毁他们，但是唯独不能忽视他们。因为他们改变了世界，他们让人类向前跨越了一大步。他们是别人眼里的疯子，却是我们眼中的天才。因为只有疯狂到认为自己能够改变世界的人，才能真正地改变世界。”

同理，每家商铺、每所机构、每个品牌都应拥有属于自己的主张，而这正是他们所提供的每项产品和服务的核心。

甜蜜的数字

如今，我们可以在超市里非常自然地伸手从货架上取下一包糖果。这是因为制糖业的不断发展让越来越多的人可以随心所欲地购买甜食，而并非因为甜食十分健康——我们都知道这一点，却常常无法抗拒甜食的诱惑，因为糖已经被如此成功地应用和隐藏在许多食物之中。时至今日，“糖胜其名”的说法依然存在。

根据德国统计公司 Statista 发布的数据，2020—2021 年度全球甜食消费量为 1.821 亿吨，仅德国消费者的人均消耗量就达到约 32.5 千克，相当于每天每人摄入 89 克糖分。然而，根据世界卫生组织的建议，每人每天最多摄入的糖分含量不应超过 25 克。

疯狂的奶酪

如果之前有一位奶酪商找到我并向我咨询，是否能够以奶酪商的身份闻名于世并发表属于自己的“奶酪宣言”，我承认我很可能会给出否定的回答。但今天我不会再这样做了，因为我从一位优秀的商人那里学到了这一课。自“疯狂奶酪工坊”（Crazy Cheese Manufacture）成立以来，正如它在网站上所声称的那样，它真正做到了成为世界上最独特的奶酪商店。浑身文身的店长罗兰德·卢多米尔斯卡（Roland Ludomirska）在网店里晒出了他穿着奇装异服的各种照片，就足以证明他们开发出了完全不同寻常的奶酪推销方式。

诚然，这种线上推销的方式有时显得难登大雅之堂，但店长借此讲述的故事却显然成效斐然。他会找到属于自己的目标群体进而取得成功——当然也存在失败的可能。而对我来说，这完全是关于定位的选择问题。奶酪公司的创始人曾在接受采访时表示："我的偶像是华特·迪士尼（Walt Disney），我想像他一样永垂不朽。尽管已经去世多年，但他的品牌仍影响着许多人甚至几代人。如果我能做到这一点，我就感到无比满足。"

卢多米尔斯卡并没有发明出一种特殊的"奶酪配方"，他的整个成功只基于简单的词语"绝对美味"（absolut delicious）。如果你想在搜索引擎中搜索这个词语，那么请做好准备，第一页搜索结果不会告诉你任何关于该词语的含义解释，而只会向你展示"疯狂奶酪"的有关信息。

"疯狂奶酪"取得了巨大的成功，它在很短的时间内开设了6家门店，并制定了继续开设200家门店的远大目标。这家号称世界上发展速度最快的奥地利奶酪公司还计划将自己的商业版图扩张到美国。

多层次营销

根据维基百科的介绍，多层次营销（Multi-Level-Marketing，缩写为MLM）也被称为网络营销、推荐营销或结构化营销，是直销的一种特殊形式。与传统的直销模式相反，我们鼓励客户招募更多的客户，并将其发展为独立的销售合作伙伴。大多数人在看到这些术语的那一刻，脑中或许敲响了警钟，因为他们第一时间联想到了"金字塔结构"。但事实上，这两者完全不可同日而语。

我甚至会说，未来多层次营销将不仅仅只是一种可能的销售形式，它更将是一种明智且安全的获取收入的方式。如果我们再次假设，每个产品都需要传递某个讯息，那么从逻辑上讲，产品也需要以人为载体向外界传达这个讯息。

在我看来，多层次营销是一种完美的共生结构。一方面，它们通常都是非常优质的产品，但无论多好的产品，它们也只能一动不动地存放在货架上。只有通过营销或我们这里所说的“人”才能让这些产品为人所知。在没有人或其他营销方式的加持下，产品无法实现自行销售，而人们反过来也没有他们可以销售的产品。如果我们将销售伙伴想要传达的讯息与产品讯息相结合，就自然能够形成有效的互惠关系。例如，健身教练或顾问或其他注重健康的人都可以提供相关产品的销售服务，这是一种良性的互惠循环。我想说：这种产品和销售双方的讯息结合于销售伙伴而言是一种绝妙的选择，他们可以在传递多层次营销商（即产品提供商）讯息的同时，将自己想要表达的讯息与之关联并传递出去。

我曾在该领域为很多公司提供过服务，其中最为特殊的一个例子就是 Ringana 化妆品公司。2020 年，该公司创造了 1.6 亿美元的销售记录，相较于 2018 年，销售额翻了两倍。Ringana 公司的许多销售合作伙伴都曾参与过我的“黄金计划”课程。课程中，我将人们打造成品牌，因为他们准确理解了互动机制的运行模式，并学会如何更加频繁和快速地销售自己的产品和服务，其中也包括 Ringana 的产品。在这个过程中，他们不再只被视作销售者，而是顾客心中值得信任的“灯塔”。

尽管人们常常对此抱有偏见，我依然十分推崇多层次营销，因为它给人们提供了一个无须过多担忧的积极进取的机会。在产品、流程以及营销环境都已齐备的情况下，开始的难度和风险就会相对较小。如果一定要指出多层次营销的一个缺点，那就是多数多层次营销者都只局限在很小的经营规模之内。甚至最糟糕的情况下，一旦他们脱离自己所熟悉的家族圈子，就很难获得成功。“黄金计划”的成员多米尼克·菲尔特鲍尔（Dominik Fürtbauer）和吉姆·门特（Jim Menter）

则希望以不同的方式进行多层次营销。他们将自己的定位设置得远大而广泛，经常将 2000 多人聚集在一个大厅里分享获取成功的各种机会。短短几年时间，他们就获得了别人一辈子都难以企及的地位和成功。

我们都是信息大使

所有这些故事都表明，无论过去还是现在，我们都深受“叙事”的影响，尤其是那些能够向我们精准展示我们感兴趣内容的算法推荐。正如之前所说，我们生活在信息经济之中。我们需要的不一定是像太空登月这样的宏大故事，一些小却颇具影响力的信息同样能够帮助你更加接近杆位。

我们所经历的一切都会构成一个故事——一个独属于我们自己的个人故事。通过讲述这些故事我们或许可以帮助到其他人，让他们深受鼓舞、倍感安慰、得到治愈或充满激情……产品本身只是躺在公司货架上的“死”物，公司也只是由混凝土、钢筋、木材和玻璃建造而成的“没有生命的”建筑，只有在里面工作的人才能赋予它们生命。这就是为什么我喜欢将公司称为“信念集团”。它是一个由人组成的信念集团，他们相信公司的产品、服务和叙事方式，同时也是公司及其产品和服务的信息大使。

所以现在，我想要问你：你想在世界舞台上讲述什么样的个人故事呢？

我们这里所说的大使代表着其所在公司的利益，就像一个国家的大使被视作其祖国利益的代表一样。于个人而言也是一样的，我们享有绝对的权利和义务，为

> 每个人都有一条讯息，每个人都有需要向外展示的内在需求，即将自己的内心舞台外化表现在世人面前。

自己的利益代言。事实上，每个人都有一条讯息，每个人都有需要向外展示的内在需求，即将自己的内心舞台外化表现在世人面前。

以下是两位“黄金计划”课程参与者的事例，他们选择以自己的方式向世界传递信息。

- 对玛蕾克·富伊兹（Mareike Fuisz）来说最重要的事，除了帮助自己患有唐氏综合征的女儿走出困境，还要为每一位罹患此病的患者及其家人提供帮助和支持。她希望能尽自己最大的努力让世界变得更加美好。她不仅创办了“让生活更轻松——唐氏综合征协会”，还以多元化专家的身份在欧洲各地发表精彩绝伦的演讲。
- 丽莎·莱因海默（Lisa Reinheimer）原本只是一位非常普通的教师。但现在看来，她好像又不是那么普通。她将自己的所作所为冠以“你的孩子将成为班级英雄”的口号——现如今，她已不仅仅只是一名老师。这句口号让她在整个德国闻名遐迩，包括网络大会、杂志、报纸、广播、电视在内的许多媒体上都能看到她的身影。此外，随着家庭教育受到越来越多的关注和探讨，她的事业也更上一层楼。她先后接受过德国 RTL 电视台以及《*Brigitte*》《*Girlfriend*》《*Swissfamily*》《*MDR*》《*WDR*》等报纸杂志的采访，还登上过《世界报》的头版新闻。每当我们的建议真正为学员们提供了帮助和支持时，我都感到无比欣慰。丽莎曾写信给我说：“‘黄金计划’课程中的每一条建议都让我受益匪浅。非常感谢你让我的梦想成真，我也十分期待未来即将发生的一切！”

第 5 章

配合舞台呈现

找到适合自己的舞台

你知道现实生活中的自己站在舞台之上会是怎样的状态？我这里所说的“舞台”，并非大家通常理解的那个表演戏剧或发表演讲的场所。在我看来，我们想要传递的讯息同样需要一个属于自己的舞台，它可以是一个很小甚至微不足道的场合或地点，例如一次谈话、一场讨论、一次咨询或辅导、一场围炉夜话，或者在学校、在研究所、在某个经验分享小组之中。每一篇文章、每一份报告、每一本书，每一句说出口、打印出来或发布在网络上的话语都是一个舞台。包括互联网以及各种社交媒体，所有这些都可以成为你的舞台。

每一篇文章、每一份报告、每一本书，每一句说出口、打印出来或发布在网络上的话语都是一个舞台。

现在让我们想象一下，假设你已经成功征服了你最喜爱的舞台领域，你将在哪里看到自己？如果你选择了线上舞台，你将在自己的视频平台上滚动浏览自己的视频，同时还会时不时看到你在社交媒体上发布的弹窗广告。或者，如果你选择书籍作为自己的舞台，那么你会在一次旅行结束后路过机场的书店,并在那里看到你的书，甚至封面上可能还印着你的照片。又或者你更希望在电视上看到自己，比如脱口秀或咨询节目。当然，你也可能受某家公司、组织或机构的委托，在某个大型舞台上贡献自己的演出。那甚至可能是一个更大的舞台,现场的数万名观众都可以清晰地听到你的每一句话。或许，你甚至会看到人们坐在一起互相推搡着说道："嘿，舞台上的那个人真的很棒，我们一定要去参加一次他的课程。"那么，上述哪种情形让你感到无比兴奋?

在正确的包装下表演

在讨论"定位"这个话题的过程中，"表演"一词总是不可避免。老实说，我也并不确定这两者之间是否真的存在清晰的界限。例如，电影或戏剧的不同部分都是通过不同的场景进行区分和展示的，这充分说明，我们需要对想要表达的内容进行编排和表演。故事其实也是戏剧的一种,而戏剧从本质上讲正是经历的视觉化呈现。

> 在为自身定位吸引关注的过程中，表演至关重要。

在为自身定位吸引关注的过程中，表演至关重要。因此，只有把力气花在这件真正重要的事情上，才能占据杆位出发的优势地位。

我们生活在一个既重质量又重形式的社会。或者换句话说，包装和内容同样重要。甚至在一些人看来，包装比内容更重要。在这样一个注重包装的社会，我们甚至可以消极地说：我们生活在一个缺乏内容的社会，每个人都在为包装付费。如果有人说自己并不在乎这些，也并不是一个注重外在的人，我会对此嗤之以鼻。我们为什么要穿上光鲜亮丽的衣服？一个厚重却造型难看的麻袋难道不足以起到保护和保暖的作用吗？原因很简单：每个人都很注重形式。包括日常生活中的所有消费品，我们总会购买一些自己并非特别需要的物品，因为我们抱有一定的生活理念，我们想要维持某种生活水准和体现某种社会地位。或多或少，我们都难以免俗。只有极少数人能够做到完全且永久地放弃这些我们所创造的物质包装。

说到包装，就不得不提到“着装”。在我举办的培训课程或研讨会中，我会要求所有参与者都穿着得体、仪容整洁，或者至少保证他们的着装与本人想要塑造的外在形象相契合。因为在“黄金计划”课程中，我们会与所有参与者共同拍摄颇具纪念意义的合影照片，因此精美的服装和容光焕发的个人形象于每个人而言都是很有意义的。同理，良好的外在包装，也就是我们所说的公共形象，对于打造一个品牌的知名度也是至关重要的。在这方面，我的妻子总会提醒我要首先成为别人的榜样。用她的话来讲，如果我希望学员们穿着得体，那么我自己就不要穿得像个乞丐一样在舞台上走来走去。这就是为什么我的妻子总会在“黄金计划”课程开始之前为我购置大量的服装。对我这种拿起一件衣服就可以套在身上的人来说，那些衣服我或许永远都不会买，更不会主动穿。所以，当我被迫在妻子面前试穿它们时，我总会说：“太棒了，这件衣服可以留为备选。”而我真正想说的其实是，事后我会偷偷将所有衣服都寄回给商家。然而，这个拙劣的伎俩很快就被识破了。后来，她总会佯装不小心地撕下标签，然后一脸无辜地说：“哎呀，太可惜了，这下我们不能再退回去了……你至少要再穿一次吧。”就这样，我总会根据不同的活动场合穿着得体地出现在舞台之上。

包装带来的差异是巨大的。在这里，我想和大家分享几个简单的例子。

- 北美伟大的小提琴家乔舒亚·贝尔（Joshua Bell），曾在华盛顿的地铁站内用他珍贵的斯特拉迪瓦里小提琴演奏了 40 多分钟的古典乐曲。当时的他并没有表露自己著名小提琴家的身份，而只作为一个名不见经传的落魄街头艺人为路人演奏。最后，他琴盒里只得到了 50 多美元的打赏。这与另一个包装下的他，在世界上最好的音乐厅中所获得的收入是无法比拟的。更遑论人们对他的表演所给予的狂热掌声和认可。由此可见，包装可以在很大程度上改变人们的看法。
- 萨沙·洛博（Sascha Lobo）——你或许听说过这个人：2000 年，他创办了一家新经济广告公司，却在仅仅一年后就申请了破产。后来，他开始在柏林的一家广告公司担任创意总监，又做过广告文案。直到有一天，他的热度、名气与声望都得到了极大的提升，他成了一位广受欢迎的数字化领域的演讲者和专家。但如果他没有在2006年留起那头标志性的红色莫西干发型，并自信地穿上西装，也许他永远都不会达到今天这样的成就。
- 作为世界上规模最大的民间节日，2019 年，独一无二的慕尼黑啤酒节吸引了 630 万名游客，并创造了高达 12.5

亿欧元的营业额（含住宿费）。一升啤酒的价格一般不会超过3欧元，但为了与数万人同时坐在一个帐篷里举杯欢庆，一些人甚至愿意付出4倍的价钱买下一升啤酒，只为能够参与到欢乐喜庆的节日氛围当中。

- 在迪拜购物中心销售的产品，与世界其他任何地方都没有什么不同。但拥有超过35万平方米销售面积的这里，却是全球最大的购物中心之一。这里不仅有许多奢侈品牌的旗舰店，还有世界上最大的品牌门店。其中的产品有什么不同吗？实话实说，几乎没有。但产品的展示环境是否更加优雅？那是当然——而这正是造成价格差异的原因。
- 著名的瑞士圣加仑大学，不仅具备优秀的师资力量和良好的学科配置，还以精英主义的形式为自己打造了一个有效的完美包装。正如美国的常春藤盟校，它们之所以如此命名是因为学校里古老的房屋常年被春藤覆盖，营造出了独特的校园环境。其中就包括普林斯顿大学、哈佛大学、耶鲁大学、哥伦比亚大学，以及加州大学[①]和麻省理工学院[②]。这些学校的学生往往能够得到比别人更多的机会。
- 蒂姆（Tim）知道，他必须以某种方式改变自己周围的世界，也就是他的包装。1973年8月13日，他在一张

① 加州大学并不是传统意义上的常春藤盟校，但因其在教育和学术领域享有的极高声誉，被誉为“公立常春藤”。——译者注

② 麻省理工学院同样不属于传统意义上的常春藤盟校，但因其卓越的学术成就，常被纳入广义的常春藤院校（Ivy Plus）。——译者注

白色桌布上为自己制定了成为最伟大“摇滚明星”的总体规划。在他列出的十点计划中包括：用海娜花给自己的头发染色用以要酷，听大卫·鲍伊（David Bowie）的音乐寻找灵感，以及永远不要清醒地走上舞台。他为自己设定的目标当然是站在世界的最高处！乐队的名字也已经确定——恐慌乐队（Panik-Orchester）。同时，他将自己的名字从蒂姆改为了乌多（Udo）。所以事实上，这是乌多·林登贝格（Udo Lindenberg）的故事。对于自己的人生，他曾这样总结：“计划已完美执行！没有边界，没有限制！”

包装对于业务发展和杆位出发至关重要。

包装对于业务发展和杆位出发至关重要。我曾花费很多年的时间才真正理解了其中深意。为了让大家尽可能呈现属于自己的最好舞台，在此列出需要注意的几点：

- 专业设计的网站
- 极具特色的标志
- 具有触觉吸引力的产品包装
- 精美的文具和信封
- 你的行为方式
- 你展现自己的方式
- 你的沟通方式（你所使用的沟通渠道，你回复咨询或投诉的速度，你写信的方式）

如何展示自己

“如何展示自己才能让别人看到？怎样做才能让自己的品牌更快为人所知？”在谈及定位这个话题时，大家总会向我提出这些或其他类似的问题。多年来，我已经清楚地认识到：很多人的定位其实并没有问题，问题只在于他们的可见性。

> 很多人的定位其实并没有问题，问题只在于他们的可见性。

将自己打造成品牌的快速公式主要由三部分构成：

1. 你需要一个个人主页——一个美观且设计合理的网站。令人几乎难以置信的是，即使在当今这个时代，网络上仍充斥着不计其数的垃圾网站。我有时会想，为什么总有人找不到自己生意不够景气的原因。在我看来，当我在互联网上看到他们个人主页的第一眼时，原因已经显而易见了。

2. 你需要一份个人资料，即一份关于你是谁的简单描述。当然，你可以将它用在自己的个人主页上，甚至作为可下载的文件供人留存。

3. 你需要论点，即想要传达的信息。很多人都在努力寻找一个最能体现和表达自己身份的头衔、主张或称号。在我看来更加简单和明智的做法是为自己和自己所从事的领域找到一个总体定位，即我之前提到过的“抽屉”，然后通过有效的论证和观点意见输出为自己获得知名度。

适当环境下的可见

当我说你必须吸引人们的关注并勇于表现自己时，并不意味着你要在一夜之间把自己的内容铺满你能想到的所有信息渠道，并将你的个人资料发布在每一个可能的媒体上。你只需选择一到两个合适的社交媒体，并定期在上面发布信息即可。那么，究竟什么是适合你和你的信息的渠道呢？

- 你是否属于视觉类人群？即喜欢看图片和视频，且愿意在镜头前展示自己，那么视频平台和社交媒体可能比较适合你。在那里你可以发布视频或图片，并与好友进行互动。
- 你属于听觉类人群吗？那么你可能比较喜欢播客或其他相关的媒体渠道。你甚至不需要在一开始就创建自己的播客，可以选择成为其他与你的主题相符的节目嘉宾。现在也有一些平台可以为播客运营者及其潜在客户提供沟通渠道。
- 你是否最喜欢和书面文字打交道？那就创建一个博客吧，例如，你可以在那里写旅行日记或讲述一些与自身定位有关的故事。你也可以尝试为报纸或杂志撰写文章，或者参与某个图书项目。当然，你也可以就自己感兴趣的主题写一本书。
- 你是否能够提供某项产品或服务？那就创建一个网站吧，或者可以构建一个商品销售系统，并采用联合营销的方式，巧妙地把自己的社交媒体渠道作为广告平台。

你拥有无限的可能去将自己和自己所从事的领域变得更加引人注目，而这只是其中很小的一部分。那么，你想要如何征服世界舞台呢？

为了帮你减轻压力和负担，我提出以下几点建议：

1. 没有对错之分。你所选择的信息、渠道以及营销手段等都自有你的道理。而且，你可以随时调整，没有什么是一成不变的。

2. 人无完人。任何无法做到的事情，你都可以去学习，或者购买其技术诀窍和专业知识。

3. 行业巨头都是从弱小、笨拙的小角色发展起来的，即使他们现在看起来都是强大的高不可攀。不要因此而退缩！

4. 犯错并不可怕。重要的是，你要从中学到经验或教训并进一步发展自己。

5. 定位、知名度与市场影响力都不是一朝一夕就能实现的。要循序渐进、始终如一、坚持不懈地打造属于自己的品牌。最重要的一点是要享受这个过程！

塑造独立的观点

很多人都想为自己找到一个不上不下的中等区间，却在发现这个方法并不奏效时感到万分不解。事实上，正因为很多人都在做着与大多数人一样的事情，所以他们不得不接受其他人从自己手中分走很多东西。简而言之，平庸意味着价格低廉，意味着可以被交换、替代和比较，更意味着无聊。

因此，我总喜欢把“站位”用作“定位”的同义词，因为从根本上来说，定位就是对自己所坚持的东西的开发和探索。当然，那些不合常规或与主流观点不符的站位更有可能受到关注。所以，我们其实可以更极致一点，做到超越平庸。我不相信人们总是想体验或看到完全正常的东西，因为正常真的很无聊。细纹内衣是正常的，车后座的卫生纸卷是正常的，乡村风格的橡木家具是正常的，滚筒烘干器的设置是正常的，但我们希望自己是与众不同的或特别的。如果能做到这一点，我们将非常了不起。

我总喜欢把“站位”用作“定位”的同义词。因为从根本上来说，定位就是对自己所坚持的东西的开发和探索。

我对学校系统的最大不满就在于它几乎不提倡任何特殊性和独特性的存在，而只致力于实现平均。这使得众多儿童和青少年一直试图实现众多学科的同步提升，同时努力克服自己的单科不足。因此，他们在所有方面都变得平庸，而不是在少数学科或单一学科中脱颖而出。

公开自己的论点

论点是一种看法、一个观点或一句宣言。在我看来，一个人如果没有自己的观点就等同于并不存在——至少在信息市场上是这样的。就像一碗没有内容的汤或一本没有文字的书，这样的人缺少了某些最重要的东西。真正有话要说的人至少都会有一个想法或一种不好的预感甚至恐惧。或许他的脑海中只形成了有待验证的初步线索或假设，而这些想法也可能会被反驳。但无论如何，他代表着某种观点或世界观，代表着某

在我看来，一个人如果没有自己的观点就等同于并不存在——至少在信息市场上是这样的。

种思维方式或视角，他选择了一个明确的站位并形成了自己向外公开的观点，即使他可能面对他人的挑战和指责。观念、思想、原则、想法和建议总有可能会引发争议。但重要的是，观点本来就并非纯粹的真理，世界上也根本不存在纯粹的真理。但这并不意味着论点就是谎言，我所描述的只是人们开始的视角或场景。科学的论证方法恰恰证明了这一点：人们总会在提出某个观点的同时，提供大量的线索和证据以证明其合理性。而只要这个论点没有被改进、更正、改变或否定，那么它往往就是最先进的。

例如，在过去的很长一段时间里，人类始终坚信地球是一个平面。在当时的知识水平下，这是一个完全合理的说法。但根据现有知识，地球是圆的，即使 1956 年成立的地平说协会的支持者们可能并不完全相信科学家们提出的论点和证据。但这不是重点，尤其当我们将整件事情转移到“定位”这个话题上时。一个人如果想要成为一个品牌，就必须变得可见，而只有通过强有力的论点表达出自己想表达的内容，他才能吸引其他人的关注。

一位房地产专家因为在媒体上发表言论而名声大噪。事实上，那只是一些非常简单的论点。但也从未有人说过，公开发表的论点必须精妙绝伦或多么复杂，尽管“论点”一词可能会给人带来高大上的错觉。他的第一个论点是：未来写字楼的租金会更加便宜。原因何在？很多人开始尝试居家办公，使得许多公司发现居家办公也可以保证工作的正常运转，这样公司就不再需要那么多的办公空间。是的，这样的情形的确有可能发生，或者完全不会发生。但无论如何，这是一个论点。第二个论点是：私人房产的租金会越来越高。为什么呢？因为很多被封控在没有阳台和花园的高层住户都非常渴望拥有一个阳台或花园，甚至一个属于自己的家。这听起来似乎有些道理，但其发生的概率同样五五参半。简单来说，这就是他的两个论点，而他的言论曾在报纸上占据半页篇幅。再次强调一下，这些说法的真实性并不重要，它们只是站在个人角度得出的结论。

在提出论点方面我有一个重要提示（或许提示最终也会成为论点）。首要原则就是：不要无聊！太多人写出来、发出来或说出来的内容都可以用无聊至极来形容。没有人愿意看到或听到这些枯燥乏味的东西。如果一个论点极具挑衅性，能够引起两极化的讨论甚至争议，那意味着这是一个不错的论点。信息的力量是巨大的，为了引起公众的注意，它甚至可以搓圆捏扁、颠倒黑白。

> 首要原则就是：不要无聊！

唐纳德·特朗普（Donald Trump）能够赢得美国总统大选的原因之一就在于他简短、清晰、易懂且易于记忆的论点：“让美国再次伟大”或“修建边境墙”。相比之下，还有人记得希拉里·克林顿（Hillary Clinton）的论点以及她想做的事情吗？

为什么病毒学家在特殊时期如此引人注目？因为他们向许多人传递了相关信息，也因为他们一直都存在争议。有多少人曾声称，这些专家的言论根本都是无稽之谈——由此可见事情是如何一步步发展直至沸腾之势，甚至有人曾遭受侮辱或死亡威胁。就赢得关注度而言，没有什么是比收到死亡威胁更好的事情了，但这可能会有损你的健康。因此你必须知道，自己甘愿为此承担怎样的风险。

信息的营销力量

当我的网络书籍《如何将比尔·克林顿带到德国》出版时，一切进展得非常顺利，但我认为再稍微造一造势也没有什么坏处。因此，我要求我的公关团队在媒体上进行一些宣传。结果，我们取得了轰动式的成功。他们究竟是怎么做到的呢？

我曾在这本书中写到，作为一名网络工作者，我的手边总会准备两样东西：阿司匹林药片和纸巾。其一是因为很多人都会和我诉说头疼的困扰（希望不是因为和我在一起导致的）。其二是因为在面对我时，大家有时会忍不住流泪。基于此，我的公关团队制定了这样的标题："为什么我总是随身携带纸巾"，并将这篇新闻稿发给了德意志新闻社。在我看来，这条信息并没有多大意义，但显然非常引人注目，这本书也因此被列入畅销书之列。是的，我总是随身携带纸巾。但就为这么一件小事而对一本书如此大肆宣传，这不是很疯狂吗？以网络为整体定位、以纸巾的重要性为主要论点，多么美妙的组合！

我的论点小杂烩

我时刻在为自己和自己的客户开发不同的论点。为了向大家展示开发此类信息及其背后故事的方式，我在这里提供一些参考示例。

乐观思维害人不浅：这是我基于矛盾原则提出的论点。为了引起关注，我以相反的说法取代了"乐观思维十分重要"的主流观点。事实上，每一条乐观的表述都不难找到相反的理由进行驳斥。乐观思维同样如此：如果我们把事情想得过于乐观和肤浅，缺少自我批评，从而低估风险、高估机会，那于自身而言无疑是有害的。

目标不要过于远大：类似的反转。正因为我们总是充满敬意地看待伟大的事迹，所以我想反驳这一点。我们为自己设计的前进步伐往往跨度太大。诚然，我们都想要攀登世界上最高的山峰，但在那之前，我们应该从几座较小的山峰开始练习。

而无论攀登哪座山峰，一切都应从第一步开始，因为有一才有二。很多人都忘记了，只有当我们缩小步伐，我们所做的一切才能更好且更容易地实现。

人生是一场愿望的狂欢：与“人生充满挑战”的说法相反，我想表达的是，世界已为我们准备好了一切。如果我们能在人生的售票处支付相应的票价，那么我们几乎可以实现人生中的所有愿望。

金钱带来幸福：在我们的信仰体系里，可能没有什么比“金钱不会带来幸福”更加根深蒂固了。好吧，可是贫穷也不会带来幸福。当然，金钱本身并不能给人带来幸福，我也同意很多人说的，健康比金钱更重要。但当你生病时，在我们不平等的医疗保险体系中，有钱是一个巨大的优势（注意这里并不是在谈论医疗体系）。因为健康是要花钱的。而不幸的事实是，那些更有钱且拥有私人保险的人，可以为自己购买更优质的健康服务。

吸盘的销量显示了汽车行业的绝望：几年前，我曾受邀飞往柏林，在德国最大的汽车制造商之一的服务中心进行一场演讲。在出租车上，我惊讶地发现司机在内置导航和通信工具关闭的情况下，用吸盘将如此多的设备固定在挡风玻璃上。我看到了出租车计价器、导航设备、智能手机和另一个我不认识的设备。我在想，如果汽车制造商向其他工具、设备或应用程序开放其通信系统，是否可以清除所有这些设备。因为这对所有人来说都是共赢！于是，我用这个观点开始了我的演讲：吸盘的销量显示了汽车行业的绝望。在场的观众都热情高涨，他们的注意力被牢牢吸引，演讲准确切中了他们的要害。

热度打败市场：相信很多女生不仅知道《比比·布洛克斯伯格》儿童广播剧中的小女巫主角比比，还知道“比比的美丽殿堂”里的比比。比安卡·克拉森（Bianca Claßen）是一位德国网络视频制作者和知名网红，自2012年以来一直在视频平台上运营“比比的美丽殿堂”这个频道。据维基百科记载，该频道是订阅人数最多的德语频道之一，涉及的主题包括时尚、美妆、生活方式以及流行文化。因各类广告、赞助、代言、促销和联合营销的佣金，以及自有化妆品牌Bilou（意为“比比爱你”）的收入，她每月收入预计高达10万欧元。这是多么可观的收入啊！她与DM药店合作开发的沐浴露获得了巨大成功，并迅速成为销量冠军。2017年5月，她以“比比·海尼克”的名义发行了第一首单曲《那又怎样》。这首歌由华纳音乐发行，进入了德国和奥地利音乐排行榜前十名，但也迅速入选了其视频平台发布的全球最不受欢迎的视频前十榜单。然而，她的视频“向你展示我们的家”得到了超过600万次的点击量（截至2020年底），并成为德国2020年排名第二的热门视频。由此可见：热度，即可见度，往往就是王牌！

倾听带来伤害：这是我从未使用过的一个论点，但它太令人感到兴奋了，所以我不得不在这里提到它。显然倾听对所有人来说都十分重要，所以如果能够写一本号称倾听会带来伤害的书一定会十分有趣。诚然，这种说法可能不会永远成立，但那是后话了。我们可以在第2章中解开这个谜团，并列举出倾听很有意义的原因。

打造自我品牌之路

很多人曾问我：“赫尔曼，我需要多长时间才能将自己打造成为品牌且广为人知？”事实上，这个问题并没有一个永久有效的标准答案，但我可以给出一个粗略的估算。在认真努力地工作和坚持不懈地奋斗下，大家可以在两到三年内在市场上树立自己的个人品牌，此后还可能在更短的时间内创造很多成就并获得稳定的收入。

杰出的卡尔文·霍利伍德（Calvin Hollywood）就是一个很好的例子。据他说，他在2016年11月读过我的那本《成为超级演说家的道路》。当时我在书中写道：“培训师、咨询师和教练的平均日薪约为1500欧元，专业演讲者的出场费用则不低于3000欧元！”就这样，他找到了自己奋力拼搏的动力。雄心勃勃、目标明确且专业优秀的他，在不久之后的2017年2月参加了德克·克鲁特的演讲培训课程。四个月后，他又在克里斯蒂安·比绍夫的培训课程中收获颇丰。2019年，他参加了我的“黄金计划”培训课程。而现在，我们之间经常会展开友好的观点讨论和交流。

> 市场越快了解你，你的开场就会越好。

在卡尔文的故事里，他只用了不到一年的时间就征服了德语世界的许多重要舞台。这是一个非常迅速的开场！如果这让你倍感压力，请不必将其设定为自己的目标。但无论如何，你都该快速行动起来。市场越快了解你，你的开场就会越好。

学习速度

“我们学习的速度有多快？”我经常会在活动中提出这个问题。通常情况下，我会得到两种相互矛盾的答案。

一个答案是：“像蜗牛一样慢，需要很长时间。”其原因在于，德国学生在高中毕业前需要花费长达13年的学习时间。从国际学生评估项目（PISA）的年度测试结果中不难看出，这个时长带来了多么优秀的学习成果。即使在学校教育之外，我们也知道学习某些东西、掌握新知识、改变习惯以及学习和掌握一门语言等是多么的困难。所以，我们的学习速度确实很慢。

但我也经常会得到相反的答案：“赫尔曼，我们学习得非常快，有时甚至不到一秒钟就学会了。”这样说也并非没有道理。想象一下，如果一个孩子去触摸滚烫的炉灶（相信有些人也有相似的恐怖回忆），那么他很快就会知道不能再做这样的事情，且会终身铭记这个学习成果。这种学习不需要任何进一步的课程或指导，是瞬间完成的。

那么，问题的答案究竟是什么呢？难道两个都是正确答案吗？

在我看来，学习过程的强度越大，我们学习的速度就会越快，记忆也会越牢固。这个认知对于明确自身定位至关重要：你的故事要像滚烫的炉灶一样（详见后文），便于人们如你所愿地将你记住，而你必须让他们知道你的存在。那么，如何让潜在的委托人、演讲机构、专家机构以及客户更快了解你的存在？你可以通过自己开发“滚烫炉灶”的能力，直接提高客户的学习速度。确切地说，你的炉灶越热，你收到预定的速度就会越快！

> 你的故事要像滚烫的炉灶一样。

提高知名度的十步计划

知名度是在市场上取得成功的重要前提。因此，我制定了以下十步计划，并曾就此与“黄金计划”课程的学员展开过深入探讨。

1. 市场分析与市场调研

对大多数人来说，仍有不计其数的市场和机会是关闭甚至不存在的。就像在沙漠里，无法识别绿洲的人最后也只能面临死亡。这就是为什么我们要尽可能多地了解各种市场和收入来源。举例来说，仅在我所从事的市场领域，我就可以通过辅导、咨询、培训、讲座、策划、网络研讨会、线下活动、围炉夜谈、书籍、媒体、在线课程、推销、产品、服务、广告或网红身份来获得收入。

2. 个人定位 / 个人品牌塑造

一个与市场完美契合且在个人资料中有所体现的有效定位，是你获得第一个百万收入的敲门砖！

3. 增加销量与提高报价

所有人都过度低估了自己的身价。在我们对自身价值的认知塑造过程中，似乎出现了什么问题。就在最近，一位知名度很高的“黄金计划”课程学员想要提供一场近乎免费的主持活动，她问我应如何处理收费问题。我给她提供了一个收费参考，四天后我收到了她的电子邮件回复：“赫尔曼，谢谢你提出的5000欧元的收费标准。否则的话，我的付出就太廉价了。我们现在谈好的价格是3500欧元（附加30%的参股比例）。”

4. 书籍与媒体创作

是的，没有什么比自己的书能带来更多的收益、更好的声誉和更高的销量了。

5. 提升表演水平

为什么有些人只能收获疲惫的微笑，而另一些人却能得到掌声？问题的关键不在于内容的质量，而在于内容的表达方式。

6. 线上展示与销售

我们生活在一个黄金时代。我想说的是，现在比人类历史上的任何时期都更容易建立企业或获得知名度。通过互联网和各种社交媒体，我们甚至可以坐在家里征服世界。

7. 新闻与公共关系

所有研究过新闻与公共关系理论的人都知道，获取知名度是一件多么容易的事情。而为了实现这一目标，你不再需要主动叫卖，而只需要等待买家主动上门。

8. 等待被买，而非主动叫卖

已经实现这一目标的人可以说都已具备了品牌吸引力。品牌不仅可以卖得更快、更贵，也更受喜爱和重视。简而言之：要么成为品牌，要么与人讨价还价。

9. 成为客户心中的首选

当你成为决策者心中的第一或唯一选择时，你就很容易得到自己应得的回报。

10. 通过想法和服务赚钱

过去，人们总是苦恼于没有更多的想法。但在我看来，现在的情形已不同以往。人们的想法多如牛毛，却很少有人知道如何将这些想法转换为金钱，即通过自己的设想赚到真金白银。我坚信，没有什么想法是太过疯狂、太过愚蠢或太过与众不同，以至于无法转化为金钱的。

“滚烫炉灶”般的信息

如何将某些内容表述为“滚烫炉灶”般的信息，以便客户、出版商、代理机构或任何你试图联络或说服的人来了解你所提供的产品或服务？换句话说：什么让你感到好奇？你想了解更多什么内容？什么会引起媒体的兴趣？什么能让你处于领先地位？下面我将为大家介绍七种创造“滚烫炉灶”般信息的方法。

1. 实用性

2. 困境

3. 好奇心

4. 新鲜感

5. 非主流

6. 冒犯（挑衅）

7. 伤痕

实用性

你所传递的信息的实用性或可用性越强，读者就越愿意继续阅读、点击或消费，因为这些用处看起来与他们切身相关。

信息示例：

- 你的孩子将成为班级英雄。
- 与税务局斗智斗勇。
- 彻底且合法地节税。
- 睡眠是成功的重要因素。

困境

困境（或者更确切地说，指出困境）是吸引关注和需求的有效手段。而困境往往会因实用性而自然化解，所以这对你来说可谓一石二鸟。例如，当你为大家提供了节税的实用办法，意味着你也同时解决了人们的缴税困境。这完美适配了“问题意识先于解决方案”的原则。因此，在提出解决方案之前，我们应首先指出，如果不采取相应的措施我们将面临怎样的困境。善于识别紧迫问题的人更有可能被视作解决方案的提供者，因为识别问题的能力往往也代表着解决问题的能力。例如，一位宠物专家总会在年关之际得到大家的关注，因为她讲述了除夕夜给宠物带来的巨大折磨，此起彼伏的鞭炮声不间断地惊吓着动物们，让它们痛苦不堪，甚至遭受精神创伤。

鲁迪格·霍斯曼（Rüdiger Horstmann）教授是一位普通外科与心血管外科的专业医生，他曾在《外科教会我们什么》一书中讲述，人们可以在手术室里学习到什么叫作团队协作。因为很显然，在这种环境下，人们面对的往往是生死攸关的问题。

信息示例：

- 你很好，但没有人知道。
- 等待被买，而非主动叫卖。
- 税收吞噬了企业。
- 金钱本身也是一种解决方案。
- 重新为生存而战。
- 破产迫在眉睫。

好奇心

你的信息足够有趣和令人兴奋吗？人们是否会出于某种原因而被它的神奇所吸引，进而希望了解更多内容？如果你的信息能够满足人们寻求刺激的心理就再好不过了。

当然，基本所有让我们感到好奇的东西都适合成为“滚烫的炉灶”。但需要注意的是，好奇心可以分为两类：一类是我们因渴望得到某些东西而产生了某种形式的好奇，另一类则只是因为我们不理解其表述而感到好奇。很多人会有意无意地编写一些难以理解或故作神秘的信息或文本，希望人们会因此感到好奇并探寻它们背后的内容或含义。正如我在其他地方所讲述的那样，这种做法在我看来十分危险。

信息示例：

- 从病人到治疗师。
- 解密你的……
- 我是怎么做到……

新鲜感

任何新事物都会让我们感到好奇，所以这与上一条或许有些重叠。2021 年，当“仅限受邀者登录”的音频社交软件 Clubhouse 在德国上市时，其新颖程度和访问限制足以引发一番大肆炒作与宣传。这一点同样适用于世界上发生的新变化，无论是当前的德国总理大选和美国新任总统，还是各种新兴趋势或突发性大流行病。

新鲜事物也可以是“规律性的更新”，例如：每当春天到来，草木复苏、花朵授粉，那么过敏和空气净化器就是常说常新的话题。或者每年两次的冬夏令时调整，除了要记得按时调整时钟，我们每年都会不可避免地讨论这个话题。

信息示例：

- 流行病暴发期间要如何洗手。
- 大选之后的 100 天。
- ……之后我们将面临什么。

非主流

越主流，越无聊。大家只是更喜欢意料之外的东西。

在“黄金计划”培训课程中，一家著名出版社的销售经理曾被问到，在他看来什么是好的书名。他回答说，以企业管理为例，很多书都很好，但却总显得有些普通，如扁平化管理、如何像领袖一样管理、榜样管理、伙伴式管理。那么，非主流的书名应该是怎样的呢？他即兴说出了一个书名——零容忍式管理。

信息示例：

- 时间管理没有效果。
- 乐观思维害人不浅。
- 销售人员都是胆小鬼。

冒犯（挑衅）

在我看来，冒犯或挑衅是能够帮助你创造出类似“滚烫炉灶”信息的一种绝佳方式。出位的言行和攻击能够吸引人们的关注。因为所有能够刺激到公众的行为都是引人注目的，颇具争议的内容会让我们的大脑走入死胡同。我们会想要探究为什么某件事情是这样的而不可能是那样的。

在一次演讲会上，睡眠研究员马丁·施洛特（Martin Schlott）博士提出：“睡眠时间越长的人睾丸就越大。”这为大家提供了进一步争论的话题，即一个较大的睾丸究竟有多重要。对某些人来说，这或许是一条实用的信息，或者它可以帮助一些人解决某个困境，但无论如何，这是一个新颖的内容，能够引起大家的好奇心，且还隐含一些挑衅的意味。这位重症监护科医生兼睡眠专家很清楚，良好的睡眠能够带来很大的好处。如今，他在德国收获了极高的知名度，各类媒体和播客上都能看到他的身影。此外，他还出版了一本相关主题的书籍《睡眠是成功的重要因素》。

信息示例：

- 穿着条纹衬衫的无能之辈。
- 德国经济已走到尽头。
- 大多数人不会与人沟通交流。
- 德国——欧洲最差的国家？
- 死亡是人生的最终归宿。
- 我们浪费了我们的时间和生命。
- 大多数婚礼都是没有爱情的。

伤痕

人生中经历的很多事情都在我们的身体或精神上留下了各种伤痕。每个人都会经历高潮和低谷，起起伏伏、循环交替。尤其在我们人生的至暗时刻，如果有人能够向我们伸出援手，我们会感到无比高兴。因为这会让我们觉得自己不再是这个世界上孤单无助的一个人。所以，正在寻找摆脱痛苦的出路和仍对人生抱有一线希望的我们会被这样的信息所吸引：

- 如何减轻你的痛苦。
- 面对虐待和其他暴行。
- 在黑化之前开始哀悼。
- 如何走出爱情的苦闷。
- 学会放手。

可以进行多项选择

如你所见，你可以通过多种方式表达自己，关键则在于找到适合自己的信息表达方式。你表达得越实用、越能帮助人们解决困境、越能激发人们的好奇心或越新颖，你就能收获越多的点击、合作或预订。大多数信息都可以参照以下七种方法进行组合变化，以关键词“幸福”为例：

> 你表达得越实用、越能帮助人们解决困境、越能激发人们的好奇心或越新颖，你就能收获越多的点击、合作或预订。

- 实用性：让每个人都感到幸福的方法——百试不爽！
- 困境：每一个不幸福的日子都是浪费的一天。
- 好奇心：幸福究竟是什么？
- 新鲜感：新鲜出炉的世界年度幸福报告！
- 非主流：被高估的幸福。
- 冒犯/挑衅：你注定拥有不幸的人生。
- 伤痕：过去是否夺走了你的幸福？

以下是我的学员们提供的一些信息，他们中包括企业家、个体经营者、教练、顾问、培训师、自由职业者、房地产经纪人、摄影师、科学家、律师、演讲者、税务顾问、医护人员等。作为行业顶尖人士及专家，他们凭借自身的绝佳表现和值得信赖的个人能力，实现了市场的有效定位。

- 人类已经失去了人性。
- 只有你能够决定自己是否幸福。

- 为什么残疾人比健全的人更快乐?
- 缺乏勇气会让你失去理智。
- 爬上教堂屋顶的女人。
- 你的家让你感到窒息。
- 幸福究竟是什么?
- 你很好,但没有人知道。
- 挺直脊梁。
- 过敏是否真的存在。

与自身定位匹配的故事

当与自身定位相匹配的故事或信息经过恰如其分的包装被呈现在世人面前,就会迸发出不可思议的生机与活力!

霉菌警报

2020 年 10 月,一位粉刷匠找到我并向我咨询,他该如何为自己寻找合适的定位。我开始思考:对一位粉刷匠而言,什么是最要紧的?他能向外界传递什么信息?他具体从事哪方面的工作?很快我们发现,他的专长是发现和清除霉菌。那么,我们在定位过程中需要考虑的核心问题就是:在全德国范围内,是否已经有一位“霉菌大师”,让人们一提到“霉菌”这两个字就会联想到他?答案是没有,于是我们开始行动。

于尔根·约尔格斯(Jürgen Jörges)先后于 2020 年 10 月和 11 月参加了我的“黄金计划”和“铂金计划”培训课程,并于 2021

年 1 月出版了自己的书籍。他的主张、演讲以及书籍都共用了这样一个效果极佳的标题：霉菌、屁股与针线。成功很快纷至沓来，他也很快为自己找到了一个朗朗上口的昵称（关键词：抽屉和辨识度）：希梅尔－希曼斯基[①]（Schimmel-Schimanski）。这个名字在报纸上被疯狂报道，收获了极高的关注度。超过 70 家报纸刊登了他的书籍信息，用几乎一整个版面对他进行报道的那期《图片报》的发行量达到近 200 万份，这意味着一笔你永远支付不起的广告费用。

希曼斯基的成功不仅在于他能够探讨霉菌的话题，还源于他的幽默风趣。此外，他还在圣经中找到了霉菌的起源。因此，他成了一位颇受欢迎的电视嘉宾，他经常出现在早餐频道、咨询节目甚至脱口秀节目中，成了电视屏幕里的“名人面孔”。

所有这一切都发生在不到五个月的时间里，而且还与“霉菌”这个乍看上去一点也不性感和令人向往的词汇息息相关。但是，他的信息与定位包含了很多“滚烫炉灶”般的信息要点：

- 你的家里有霉菌。
- 你生活得很危险！
- 你的柜子后面有一个怪物。
- 你知道导致你患上哮喘的真正元凶吗？
- 你对藏在自己家里的不速之客一无所知。
- 潮湿的噩梦。

① 希梅尔为德语霉菌（Schimmel）的音译，于尔根取其谐音为自己取昵称希曼斯基。——译者注

排骨架的故事

鲍里斯·托马斯（Boris Thomas）是全球睡眠领域领军企业乐德飞翼公司（Lattoflex）的所有者和管理者，该公司一直致力于排骨架床垫系统的开发与研究。鲍里斯曾在参加“黄金计划”课程的过程中提出这样一个问题：“我是否可以让排骨架变得魅力十足？”我的回答是：“是的，你可以。”

他曾写过一本商业书籍，名为《永不放弃——从管理者和实干家的心态出发》，并巧妙地将这本书的主旨与自己的讲座结合在了一起。他在讲座中提出了这样的论点：获得幸福最重要的前提之一就是良好的睡眠，而排骨架可以帮你实现这一点。

你可能不会相信，他曾在莱比锡书展发表演讲的过程中，在展会摊位上陈列了一个排骨架展品。这个做法给他带来了极高的知名度，甚至吸引RTL电台到他的工厂拍摄了一部记录排骨架制作过程的影片。如今，他的最新商业书籍已经出版上市，名字是《拨云见日：实现成功的五个步骤》。

那些像“滚烫炉灶”一样的信息会让人们想要阅读更多、了解更多、点下“购买”按钮、查看你的书籍主旨、预约你的讲座或参加你的在线课程等等。简而言之：他们想要你。当你不再需要主动叫卖，而只需等待他人前来购买时，你就已经成功了。请记住：未来一定要注意厨房里的滚烫炉灶，尤其是那些能够让你的定位发光发热的炉灶！

> 当你不再需要主动叫卖，而只需等待他人前来购买时，你就已经成功了。

第 6 章
内容并非王道

数字、数据、事实

在涉及定位这个话题时，许多人首先考虑的都是内容：我有值得分享的内容吗？我的内容足够多吗？我的内容是否正确？我发现，很多人都认为只有在自己能够重新认识这个世界并且阅读上千本书籍后，才有资格评价某件事情或表达自己的观点。他们的口号是“让自己无懈可击”。

当然，大家不要误会，多读几本书肯定没有什么坏处。但你必须准确把握这个尺度。有太多人在调研这个阶段把自己折磨得死去活来，因为他们错误地认为自己需要知道关于某个主题的全部知识，并且一定要靠自己个人的力量去完成这件事。因此，他们花费了数月的时间，只致力于找到某个主题相关的所有书籍、视频、言论和观点，包括优缺点、专家意见、评论、科学原理、研究和调查结果等。简而言之，就是无穷无尽的数字、数据和事实。

任何一个曾在互联网的混乱和庞杂中迷失方向的人，或者在图书馆的角落里不断翻找一本特定且重要的书的人都会知道：获得完美的知识储备是无比艰难且不切实际的。没有人能读遍天下书籍，更何况许多领域都处在不断地发展进步之中。任何想要追赶上这种前进步伐的人，很快都会开始喘不上气并且因为呼吸急促而说不出话来。

> 获得完美的知识储备是无比艰难且不切实际的。

我曾遇见过一些花费数月甚至近一年时间进行调研的演讲初学者，其结局不外乎以下几种情形：

- 筋疲力尽
- 时间耗尽
- 财力耗尽
- 失去乐趣
- 意识到自己原来一无所知
- 认命并放弃

这些潜在的演讲者从未到达其演讲生涯的顶峰。俗话说得好：“太长的前奏会让人失去兴趣、精力耗尽以至过早离场。”他们之中不乏天资卓越的可造之才，如此结局实在可惜！

真正的艺术在于以一种足够精彩和有趣的方式呈现自己的知识、见解、经验和经历，而与无限搜集信息的辛勤形象毫无关系。也就是说，精心收集世界上所有的知识并没有任何意义。真正重要的事情在于不断扩展和浓缩你的个人知识储备，使其适配于你

> 真正的艺术在于以一种足够精彩和有趣的方式呈现自己的知识、见解、经验和经历。

的个人销售主张并巩固行业领先地位。

所以这其实比人们通常想象的要容易得多，但大多数人认为他们只有做到无所不知才算准备充分。每当遇到这类人我就会问：“你认为自己必须成为什么样的人？”很多人都会描绘出一整套要求清单，认为只有满足这些前提才能最大限度地避免失败。

我可以向你保证，我所遇到的百分之九十以上的人都已经具备了满足其自身定位的知识和内容储备。也就是说，不是只有发明家、研究员、诺贝尔奖获得者或特蕾莎修女才能展示自己的个人经验与心得。你甚至不必拥有数十年的人生阅历，只要简单地做自己，这就足够了。

所以，你要做的只是睁开双眼去观察这个世界，找到属于自己的独特视角并与大家分享你的所见所想。由此可见，内容将是你最不需要担心的问题，即使你目前或许并不真正相信这一点。当然，完全没有内容也是行不通的，所以现在让我们迅速进入下面的章节。

醍醐灌顶的瞬间

内容于写书而言也是一样的。在曾经很长的一段时间里，我都认为写出一些深刻的道理或感悟是十分重要的。但现在我可以告诉你：事实并非如此。

那是凌晨五点的拉斯维加斯，饱受时差困扰的我完全不知该做些什么。为了不打扰还在休息的妻子，我决定溜达到酒店大堂继续当前的书籍写作，因为除此之外我确实没有什么更好的选择了。这个时间的拉斯维加斯，夜生活也已经趋近尾声，而早餐却还没有开始。

坐在大堂沙发上的我尝试在电脑上敲出正确的文字，但这实在太难了，我完全找不到自己的节奏。我的大脑一片空白，甚至无法敲出完整的句子，删掉的内容比写出来的还要多。我觉得一切都不对，没有灵感也没有动力——总之，我根本不在状态。

于是我停了下来，开始环顾四周。我看到一个年轻人正在打扫大堂，他用一个看起来很奇怪的工具努力收集着地上的垃圾。突然，他拿着那个可伸缩的垃圾夹大步径直朝我走来。几乎就在我的身边，他扒开了一个我此前一直没有注意到的奇怪角落。当一件令人兴奋的、美丽且性感的内衣突然在我的眼前来回晃动时，我简直不敢相信自己的眼睛。而当这位员工问我这是不是我的东西时，我感到无比愤怒。

在极力否认的同时，一部疯狂的电影却如脱缰的野马一般在我的脑海中呼啸而过。刚刚，就在这个沙发上，到底发生了什么？这件情趣内衣怎么会出现且被遗忘在沙发的缝隙里？难道几分钟前有一对恋人在我所坐的这个位置打滚吗？他们撕掉彼此的衣服，享受了一场人生中最狂野的鱼水之欢？从逻辑上讲，这些有趣的问题永远都无法得到答案。

然而，现在的我正在这张沙发上做些什么呢？显而易见，我坐在这里，无助地盯着笔记本电脑的显示屏，试图强迫自己写下些什么，或者最好保存下来什么东西。这难道就是我的人生吗？与此同时，其他人却在感受着如此强烈的欲望与激情，他们甚至等不及回到自己的房间而选择迫不及待地在酒店大堂里扑倒彼此。这实在有些可悲！

我感到十分沮丧、恼怒甚至气愤。无数莫名的情绪在我的身体里流淌，我开始写下这些文字：当你坐在沙发上，发现沙发的缝隙里藏着一个内衣，你会作何感受。如今，这本书已成为畅销书，或许因为很多人都曾经历过这种来自其他人撕掉内衣般的热烈激情。而相比于教科书中的刻板说教，这种从生活细节中收获的感悟会显得更加真实和有分量。

所以，在展开大量调研之前，请先飞往拉斯维加斯，去经历内衣冒险或其他疯狂和不同寻常的事情。这样当你开始写作时，你会发现拥有比我更多的感悟与故事。

一切尽在展示

内容本身并不是最重要的，甚至大多数情况下，内容反而越少越好。真正重要的是浅显易懂且生动有趣的呈现方式。我们生活在一个由故事构成的世界，谁能把故事讲得更好，谁就占据了更有利的定位。我们的亲身经历往往不仅仅是我们最擅长讲述的故事，它们同时也最能引起观众的共鸣。

我们的亲身经历往往不仅仅是我们最擅长讲述的故事，它们同时也最能引起观众的共鸣。

除了自己的亲身经历，我们甚至也可以分享其他人的故事和经验。正如 24 岁时就被评为德国最年轻杂志出版商的朱利安·巴克豪斯（Julien Backhaus），他曾就“成功”这个话题进行过一系列的名人访谈，并根据这些谈话内容编写了一本书。书中的访谈名单令人印象深刻，包括沃尔夫冈·博斯巴赫（Wolfgang Bosbach）、弗拉基米尔·克利钦科（Wladimir Klitschko）、乌尔苏拉·冯德莱恩（Ursula von der Leyen）、乌多·瓦尔兹（Udo Walz）、东京旅馆乐队（Tokyo Hotel）等。

无论在 B2C 还是 B2B 业务领域，每个人都愿意听到的内容不外乎历史典故、人生故事、个人经历、英雄事迹以及经验感悟。当然，两者之间还是存在叙事风格上的差异。在 B2C 业务领域，更多是关于个人或人际间的经历与故事；而在企业活动中，人们需要更多关于企业而非个人的英雄事迹一类的故事。因此，关键在于选择合适的案例。在 B2B 业务领域，我们需要提供的并非是个人案例，而是企业家们的故事以及公司运营、销售、管理等方面的成功故事，也就是所谓的最佳实践案例。

在我看来，最擅长寻找和呈现最佳实践案例的人无疑是安亚·费尔斯特（Anja Förster）和彼得·克罗伊茨（Peter Kreutz）夫妇。我曾有幸与这对从事写作和演讲的夫妻共事，他们称自己为工作反叛者。喜欢环游世界的他们将自己的爱好变成了职业，他们在旅途中收集了很多故事并将它们呈现在世界舞台上。《焦点》杂志曾这样评价："他们在德国管理领域发挥着关键性的思想先锋作用。"

全球内容视野

说到旅行，想象一次世界环游将会给你的业务以及定位带来怎样的大幅度提升？假设作为服务专家的你并不满足于从街角的乡村面包店获取灵感，而立志找到世界范围内最优秀的服务案例。为此，你将在30天内飞往世界各地，搜集不同大陆上的优秀服务案例：新加坡的服务如何？悉尼的服务是如何运作的？洛杉矶有很好的案例吗？约翰内斯堡呢？

这是一项伟大的创举，你作为"服务专家"的定位也因此在短时间内得到了认可。足够多的案例与经历为你提供了制作旅行日志与博客的丰富素材。你可以对服务案例中的人物进行采访，并将其制作成视频博客和播客。通过转写和再创造，你还可以将这些内容编纂成书。当然，结合已有知识你还可以将它们呈现在讲座、论坛甚至研讨会上。仅仅是寻找这些合适案例所带来的兴奋感就足以令人激动不已，这已经足够成为收拾行装并踏上征程的理由了，不是吗？

当然，"服务专家"一词是可替换的，因为世界环游几乎可以为所有定位提供素材和支撑。例如，你可以了解世界上最先进企业的经营模式和领导风格，发现最有趣的数字化创作模式、最具创新性的成功企业案例和最特别的艺术家们，凡此种种皆有可能。通过这种方式，你还可以找到最合适的关联案例，参加最顶尖的研讨会，获得属于自己的最佳灵感和人生时刻。当然，旅行本身也是一个不错的话题。

你可以随时随地开始世界环游，去收集素材进而收获更多的关注。记得仔细保存旅行途中的所有票据，以便后期进行退税。当然，还有许多对此类行程感兴趣的赞助商可以为你提供支持。世界环游不仅可以改变你的生活、塑造你的个性，还可以筑牢你的定位，为你提供可以充分利用的丰富素材。因此，不要放过生命中的每一次机会，通过这样一次性的努力你就可以极大地提升自己的定位水平、可见度、知名度和认知水平。

世界环游不仅可以改变你的生活、塑造你的个性，还可以筑牢你的定位，为你提供可以充分利用的丰富素材。

以迈克·范登博姆（Maike van den Boom）为例，她曾飞往世界各地寻找幸福。我曾在比勒菲尔德遇见过她，她当时对我说：“我想让整个德国变得幸福”，这当真是一个了不起的口号。迈克想知道，为什么有些人可以生活得很幸福，而有些人却总会感到不幸和痛苦。因此，她去了世界上幸福指数排名最高的 13 个国家，询问那里的人们如何或为何生活得如此幸福。她还出版了一本关于幸福的书籍，名为《幸福在哪里》。就这样，她成了一名幸福专家，以及后来的商业幸福专家。

如果你无论如何都无法花费几个月的时间进行一次世界环游，去为自己收集故事和素材，那就以德国为起点，在这里开始一次适合自身定位的小型探险之旅吧！或者你也可以飞往纽约这个我最喜欢的城市。相信我，这一定会让你受益匪浅。

定期飞往纽约

每年我都与“黄金计划”课程的参与者共同前往纽约的李·斯特拉斯伯格戏剧学院。我们会在那里进行为期三天的参观见学。作为纽约乃至世界上最负盛名的表演学校，约翰尼·德普（Johnny Depp）、安东尼·霍普金斯（Anthony Hopkins）、安吉丽娜·朱莉（Angelina Jolie）等许多名人都曾在这里接受过培训。

有幸被这所学校录取的学生极有可能在舞台或大荧幕上创造辉煌的演绎成就。李·斯特拉斯伯格（Lee Strasberg）曾创造出举世闻名的“方法派”表演理论，而这里则培养出了迄今为止最多的奥斯卡获奖者。“方法派表演”可以帮助演员更加深入地理解角色和投入情感。随着马龙·白兰度（Marlon Brando）在《欲望号街车》和《男儿本色》中的出色演绎，这种方法在20世纪50年代初开始闻名于世。

李·斯特拉斯伯格曾说过，激发想象力、本能和潜意识是最有效的艺术创作手段。他还将这种方法推广到了表演之外的所有生活领域，也就是说，这种方法适用于想要以自然、真实和富有魅力的方式展示自己的每一个人。

每个人都在这为期三天的旅途中受益匪浅，甚至可以写出一本书来——当然纽约的环境也的确很棒。在我看来，这座城市拥有着世界上独一无二的活力与个性。这里兼容并蓄着数百种各不相同的文化，多元化的文化氛围赋予了这座城市无与伦比的多样化风格。每个人都能在这里找到属于自己的东西：从富人到穷人，从奢华时尚到波希米亚风情，从普通人到知名人士，从古老街区到超级时尚中心，从流行到怪异甚至奇异！这座城市正是如此的独特、迷人且值得一看。每个人都应该且必须在有生之年来到纽约。俗话说得好："纽约总会是一个不错的选择。"我曾在纽约构思出许多的书籍、讲座和灵感，在我看来，这座国际大都市时刻迸发着无限的活力。

你是否仍为缺乏灵感和绝妙创意而感到苦恼？那就去视频平台或 TED 演讲中看看其他人在做些什么吧，相信这会对你有所帮助。TED 是一个非营利机构，他们致力于在不超过 18 分钟的主题演讲中传播一切值得传播的创意。20 世纪 80 年代中期以来，TED 大会持续进行着技术、娱乐和设计等领域的探索与分享。在这里，你几乎可以找到有关所有主题的 TED 演讲。快去看一看吧！在这些视频中你可以找到自己所在领域以及其他不同领域的各种演讲者和内容示例。

恣意人生，精彩纷呈

我曾在一次活动中与大家分享我的观点：即使无法环游世界，收集素材也是一件非常简单的事情。这时，一位后排的观众大声说道："天哪，赫尔曼，如果我没理解错的话，我们所需要的就是一种恣意的精彩人生。因为在这样的人生里，我们可以发现很多可供分享的精彩故事。"毫无疑问，我对此深表认同。

"没错，就是这样！'恣意人生'是一个很棒的定位。"我回答道。

"好吧，可为什么很少有人将它设为自己的定位呢？"我还没来得及说些什么，他就自己回答道："很显然，现实生活中的大多数人都没有过上这样恣意的精彩人生。"

他很可能是对的。可尽管如此，只要你睁大眼睛、竖起耳朵，还是能够找到足够有趣和值得讲述的故事。你无须为此成为一名探险者、环球旅行者或其他任何人，也不必亲身经历和见证所有故事的发生。

属于自己的英雄之旅

在一次围炉夜话活动中，一位年轻人告诉我，他想成为财务自由方面的专家。我认为这很棒，并询问他是否愿意参加我的“黄金计划”培训课程。

我说：“在那里你将获得展示个人专业知识的必要技能。”

他回答道：“我很愿意，但很可惜我无法负担课程的费用。”

你大概可以想象，那一刻我的脑海中浮现出很多问号。一个人站在我面前说他想探讨财务自由方面的内容，而他本身就是一个财务不自由的典型案例。可以说，我感到很困惑。

请不要误会，我并不是说没有实现财务自由是一件多么糟糕的事情，因为我们中的大多数人曾经以及现在都处于这样的阶段。但如果你还没有实现财务自由，就请不要以此为主题去发表见解和感受。解决方法其实十分简单，就是与大家分享自己是如何努力实现财务自由的，例如他可以将标题设定为：我的财务自由之路。

是的，你可能还没有实现自己的目标。但不要紧，这并不是问题，相反它可能是一个机会，甚至是一个超出你想象的巨大机会。还没有实现某些目标的你尽管还不能发表对于这件事情的整体认知，却可以分享自己的转变，以及在尝试转变的过程中所经历的起起落落。

还没有实现某些目标的你尽管还不能发表对于这件事情的整体认知，却可以分享自己的转变，以及在尝试转变的过程中所经历的起起落落。

例如，没有人说过只有销售冠军才可以谈论销售，也不是只有超过10万名员工的公司管理者才可以探讨领导力的话题。通常来说，我们完全可以引用其他人的优秀案例去替代那些自己尚未实现或完成的事情。

“鸡皮疙瘩”是王炸

我时常在想，为什么有些演讲者可以收取如此高的费用。据我所知，一些活动的组织者可以为一场60分钟的演出动辄支付五位数的费用，此外还有差旅费和其他费用。

当我的演讲费用迈过5000欧元大关时，我尝试将自己与之前坐在讲台上的演讲者们进行对比，试图找到我的费用得以迅猛增长的原因，然而并没有成功。而当我的单次演讲费用超过1万欧元门槛时，我感到无比震惊。要知道，无论是在我之前还是之后站上讲台的演讲者们，他们都是知名的教授和学者，也显然比我更有文化且更加聪明，但站在同一个讲台上、面对同一批观众的他们却往往只能得到我的收入的一小部分。

> 知识的费用是500欧元，而“鸡皮疙瘩”的费用却是1万欧元。

直到某一天，我清楚地认识到：知识的费用是500欧元，而“鸡皮疙瘩”的费用却是1万欧元。我会这样认为的原因在于，知识在今天几乎没有任何价值。大多数情况下，人们可以通过网络随时随地获取自己所需的免费知识。而“鸡皮疙瘩”却并非如此，它们代表着知识的包装、呈现的形式以及它们所提供的决定性附加值。人们甘愿为此付费，其费用有时甚至远超你的想象。

如今，我们的孩子所接受的教育有利于促进整个社会体系的运行与发展，但对于我们自己、我们的人生以及我们的日常生活却并非如此。历史上的德意志帝国距今不过百年，我们的学校制度仍深受那个时代的影响。德意志帝国和第一次世界大战前后，学校课程中的数学计算尤其是角度计算，并不是为了培养学生的自主性与自信心。相反，国家需要听话的工人和士兵，以及能够准确计算出炸弹和榴弹发射器撞击角度的人才，所以角度计算课程在当时十分重要。尤瓦尔·诺亚·赫拉利（Yuval Noah Harari）曾在《今日简史》一书中对此进行了精彩阐述：

> “工业革命所赠予我们的是生产线式的教育理念。在城市的中心，有一座大型混凝土建筑，它被划分为很多相同的房间，每一间都配备成行的桌椅。铃声一响，我们和其他 30 个同龄的孩子一起，在其中一间坐定。每个小时都有一个成年人走到里面，开始滔滔不绝地讲述。他们都是政府花钱请来的。一个人告诉你地球的形状，另一个告诉你人类的过去，还有一个告诉你人体的构成。”

我们依旧很难在学校课程中获得生活真正需要的很多技能，例如批判性思维、沟通技巧、协作以及创造力。而一个人真正成熟，则意味着他具备了普适性的生活技能，以及应对变化、学习新事物和在未知环境中找到心理平衡的能力。但谁会真正为此付出努力呢？要知道，这只会带来压力和麻烦。当然，这是另一个需要讨论的话题了。

热情的火花

在此，我想要向我的税务顾问致以崇高的敬意，感谢他在工作中为我提供的帮助与支持。他在税务方面的专业能力是毋庸置疑的，然而，我却几乎无法想象他将如何在舞台上展示自己的专业。我从未见过比他更加认真和有责任心的人，但当他站在舞台上，他所能做的只是纯粹的知识传授,而完全不会让人起鸡皮疙瘩。如果有必要，他也可以充满激情、滔滔不绝地在舞台上讲述好几个小时。可见演讲市场的收费是因人而异的，简单来说：不会让人起鸡皮疙瘩的演讲会更加便宜。

但是，如果他能在舞台上激情澎湃地向大家解释节税的好处，节税是多么的简单，以及我们为什么一定要朝这个方向努力，那他一定会与现场的观众们碰撞出热烈的火花，大家会产生一种冲动："天哪，我要立刻开始节税！"从专业角度或者在其他税务专家看来，这或许并不是什么令人兴奋的话题，但对外行观众来说，这将是一场别开生面的视听盛宴。

相较于长久且细致地探讨做某件事情的必要性，从此刻开始着手往往更加重要和有意义。正是这一点微妙的差异却能带来截然不同的影响。

仅有能力是不够的

我有一个大胆的想法，或者也可以将它视作"冒犯 / 挑衅"类的信息，即专业知识会降低你的演讲收入。在举办了超过 3000 场演讲之后，我发现了一个至少适用于我的规律：在极少数活动中，我是唯一的演讲嘉宾；而在一些还有其他领域的专家受邀发表演讲的活动中，我的演讲费用也几乎是所有人中最高的。

毫无疑问，企业活动是需要分享很多专业知识的。记得在一次房地产管理大会上，我曾见到过许多房地产管理和租赁关系维护领域的从业人员及公司代表，过程中大家分享和交流了很多专业知识，例如：当前的法律环境、法律发展前景以及住房租赁法规相关的具体问题等。在此类活动中，许多专业人士、律师及专家都会发表自己的言论和看法。

> 专业知识会降低你的演讲收入。

他们的讲座通常是一次性的，因为他们所讨论的话题往往具有时效性，当前的法律环境很有可能在几个月后就要面临全新的状况或挑战。他们的讲座往往不会是情感充沛、魅力十足和风趣幽默的，甚至在最糟糕的情况下，即使是对此感兴趣的听众也要尽全力不让自己变得昏昏欲睡。毫无疑问，这样的专业知识是不可或缺的，我们也要感谢这样一群人的存在，他们乐于分享自己丰富的知识，并不断为观众提供最新的信息。

然而，如果像我这样从业多年的专业演讲者受邀参加某项活动，那么情况会完全不同。我可能会被要求进行开场演讲，以确保活动能有一个情感充沛、动力十足和振奋人心的良好开端。或者我的演讲可能被安排在午休后的时间，以减轻人们此时不甚清醒的混沌状态。或者我也可能压轴出场，以确保活动最后的高潮并以一个完美的收场结束整场活动。总之，无论被安排在一天中的什么时间，这样的演讲者不是用来传授知识的，而是用来让人起鸡皮疙瘩的。

表演胜过能力

我曾有幸与两位非常杰出的人一起工作。其中一位是拥有多个博士学位的杰出教授，他是我所见过的最聪明、最有智慧的人之一。

他在德国的一所知名高校任教。他的人格魅力、智慧和博学给我留下了迄今为止独一无二的深刻印象。

每次与他交谈，他都能够帮助你打开一扇开拓思维的大门。当你终于理解了门后的内容并且深表认同时，他又会在这段思想之旅的走廊尽头为你打开另外一扇门。就这样，你在惊喜与思考中不断前行，他会带着你走过这段思想之旅，帮助你打开一扇又一扇思维的大门……我对他的这种能力深感敬佩！但是很遗憾，在大学里传授知识的他往往无法获得与他的成就、知识、智慧和能力相匹配的报酬。

与我共事的另一个人多年来一直在尝试将基础的哲学思想整理成书。经历了最初的失败之后，他终于出版了这本畅销全球的书籍《我是谁？——如果有我，有几个我》，他的名字叫作理查德·大卫·普雷希特（Richard David Precht）。如今，他已家喻户晓，作为各类脱口秀节目的热门嘉宾，他的演讲收入同样不菲。

事实上，除了能够掌握知识本身，你还需要具备展示自己与个人主题的能力。它能够帮助你吸引大众的关注，让人产生起鸡皮疙瘩的感觉，同时提高你的媒体曝光度。我无法断言究竟哪种能力是更重要的，但我有我的个人倾向。在知识能力之外，无论如何你都需要具备展示自身学识的能力，或者更确切地说是展示自我的能力。正如我前面提到的第二个例子，普雷希特所得到的关注以及他可以产生的媒体影响是无与伦比的，可见单纯地传授与普及知识是远远不够的。我们需要通过表演和冒犯性的话题，或者一本合适的书籍以及各种电视节目和采访，来不断激发大家的兴趣和吸引

除了能够掌握知识本身，你还需要具备展示自己与个人主题的能力。它能够帮助你吸引大众的关注，让人产生起鸡皮疙瘩的感觉，同时提高你的媒体曝光度。

观众的注意。事实上，我们可以通过很多方法展示自我，以及我们的想法和品牌。

尤瓦尔·诺亚·赫拉利真正在世界范围内实现了这一目标。自就读于耶路撒冷希伯来大学历史专业以来，他一直专注于对中世纪军事史的研究。后来，他开始在牛津大学攻读博士，并于2002年获得了博士学位。他将自己的研究重点放在了世界历史与宏观历史进程方向，他以时间为线索研究社会制度的发展历程，试图找到其中的规律与发展模式。迄今为止，他已出版了三本畅销书籍，分别是《人类简史》《未来简史》和《今日简史》，均在国际市场上引起了大量关注。作为众多国际政要的智囊与顾问，赫拉利曾在达沃斯世界经济论坛上与全球顶尖经济专家、政治家、科学家、社会活动家以及记者们共同探讨全球性的紧迫问题。

知名度胜过能力

你的知名度越高，人们就越容易看到你。而随着关注度的不断提升，你也会收到越来越多的预约订单。在很多情况下，知名度能够为你带来更多的欢迎与追捧，帮助你到达杆位、占据优势。

> 知名人士能够以更快的速度、更高的频率以及更高的价格获得演讲订单。

假设我们正在为一次活动寻找合适的演讲者。备选者中有一位能力出众的专业学者，以及相同领域的一位知名人士。两者均给出了自己的报价。相比之下，知名人士能够以更快的速度、更高的频率以及更高的价格获得演讲订单。

- 更快的速度是因为他们的可见度更高，他们的表现也更为人所知，因此他们更容易获得大众的信任与认可。

- 更高的频率是因为他们比专业学者更引人注目，因此也更广为人知。
- 更高的价格是因为知名度本身就代表着更高的价值。换言之，知名度会提高外界对你的价值评估，也就是说“知名度胜过能力”。

但是，并不是只有成为一线明星才能让自己得到关注与追捧。通过提升自己在不同渠道中的活跃度，你就有可能为自己创造一种“重复可见度”。按照人类大脑的运行机制，只有经过足够多次的触发提醒，人们才能将某些名字真正储存在记忆之中。此时，你就会成为潜在客户心中的一个品牌，他们的大脑会想：“嘿，我知道这个品牌。”只要你不是因为丑闻而出名，那么此时他们的大脑就会积极地将你与对应的需求相关联。

知道意味着熟悉，此类信息会在大脑中占据有利位置。众所周知，企业会在品牌建设方面花费数十亿欧元，只为吸引消费者甘愿以至少高于产品本身价值五倍的价格去购买一个背包、一件帽衫或任何其他产品。同时，企业会将品牌标志以更加突出和显眼的方式体现在产品之上。

假设你是一家律师事务所、诊所或其他服务机构的所有者，你可以通过组织开业剪彩、参观开放日等活动的方式为自己获取关注与认可。你可以提高自己在社交媒体上的曝光度，时不时在当地报纸上发表文章或开设专栏，或者在权威网站上进行宣传、举办网络研讨会、发布广告、将印有公司广告的拖车停放在显眼的位置。当然，你还可以将公司的标志或自己的照片印在自己的汽车上，所有这些都可以帮助你实现“重复可见度”。在这种情况下，你当然可以得到比其他竞争者更高的知名度与认可度。

摆脱平庸

似乎很多人都认为自己所做的事情是无聊的、平凡的甚至平庸的。诚然，我们的日常生活就是这样，我们会觉得它平淡无奇甚至无聊透顶。但我们必须认识到，我们的生活在很多人看来可能是非常特别的。这种现象被我称为“平庸危机”。

> 我们必须认识到，我们的生活在很多人看来可能是非常特别的。

在动物饲养员看来，尤其对于那些拥有多年甚至数十年工作经验的人来说，养猫似乎是一件微不足道的事情。但对于那些刚刚从动物收容所领养了一只猫咪的养猫新手来说，这些人的分享是十分有价值和有帮助的，有时甚至可能有助于挽救这些小动物的生命。同样，那些每天为当事人处理税务问题的税务顾问也并不认为自己的工作有多么的不同寻常，因为他们已经重复这样的生活长达十年、二十年甚至三十年。但问题的关键在于，无论服务的提供者是否认为这些内容十分平庸，只要它们能对客户有所帮助就足够了。

事实上，我对“定位”这个话题也有类似的感受，这本书中提到的大部分内容在我看来都是平平无奇的。我对它们司空见惯，因为我已经在市场营销和个人定位领域工作了30多年。在日复一日的工作中，这样的内容对我来说十分平常。我曾为德语国家前100名演讲者中的40位，以及德国前500名演讲者中的125位提供咨询。迄今为止，我已经在德国举办了至少3000次演讲、1000次咨询会和上千次研讨会，此外还提供了至少3000次定位服务。这些数字或许对某些人来说完全无法想象，但这已经不再是25岁初出茅庐的我了。每当与某人就定位展开探讨，我的大脑就会处于毫不停歇的活跃状态。

我最近刚好与一位优秀的商务代表进行过电话交流，他的工作内容是确保零售商能够在正确的时间和地点拿到正确的商品。他想进入演讲和咨询行业，但不知要从何处入手。而我能为他提供很多思路，帮助他顺利开展这方面的业务。

在我看来，他所从事的领域有很多值得开发的内容，同时也是很好的定位选择。从零售策略到销售或消费行为动机，理论上他可以探讨很多话题以及上千种与之相关的角度和问题。我在他以及他目前所从事的工作中看到了巨大的可能性和机会。电话里的我几乎欣喜若狂，因为商贸是一个潜力巨大的话题。德国许多城市都有自己的行业协会或贸易协会，它们通常由各类贸易人员组成。在数字化和线上零售业务的影响下，他们比以往任何时候都更容易受到各种问题的影响，而这种影响所带来的后果有时会让人感到无助甚至绝望。

面对这种情况，行业协会本身也是无计可施甚至一筹莫展，因为大部分商务代表都缺乏必备的商贸和经济知识。简而言之，大多数人都无法为自己的城市吸引最新的潮流、创意以及销售业绩。这不仅让他们的整体销售预期每况愈下，还大大降低了人们加入行业协会并与之开展合作的积极性。因此，他们需要优秀的演讲者为他们带来激情、市场知识、机会以及希望。

“这样的演讲一定大受欢迎！”我在电话里赞不绝口。“如果能有几位演讲者分别就数字化、内城振兴、多样化收入来源、动机以及未来等话题展开探讨就更好了。这将是一个价值数百万欧元的项目，仅仅第一年你们就可以举办超过 100 场讲座。”

然而，电话另一端的那个人却觉得这些更像是不切实际的幻想，他认为这一切仍不够好、不够有说服力。我却认为这简直太棒了，我甚至已经拿着计算器，本着实事求是、认真、保守的态度，估算出他第一年的销售额至少能达到 40 万欧元，以及他第二年的销售额至少可以翻一番。也许是受到之前巨额债务的影响，我总会在脑海中迅速构建出如此丰富且具体的商业模型，因为曾经债台高筑的我时时刻刻都在寻找下一个潜在的收入来源。就这样我形成了一种自动化的条件反射，我甚至可以在不到 45 分钟的时间里为任何一个人设计出一个合适的定位以及商业模型。在这件事情上迄今为止我还从未食言。

第 7 章

何谓演讲质量

少即是多

> 更少的质量关注意味着更多的演讲订单。

我曾长期认为，自己应在演讲中为观众提供尽可能多的事实、知识和内容，但这其实是一种本末倒置。事实上，我们应尽可能降低自己的演讲内容密度，也就是所谓的“质量”。在我看来，更少的质量关注意味着更多的演讲订单。“质量”是指客户需要或认为需要的东西，而这可能与你所认为的客户需求有所不同。大多数演讲者都试图在有限的演讲时间内输出更多的内容，有时甚至是超出听众吸收能力的内容。在这种情况下，许多讲座都变成了庞大的内容集合，常常让参与者失去耐心。不得不承认，最初我也是这样做的。

刚刚进入演讲行业时，我和很多人一样缺乏自信。我一直试图证明自己，认为自己应该知道很多事情。讲台上的我同样如此，我想要提出一个又一个精彩的观点，尽可能了解与我的主题相关的每一个细节并将它们讲述给我的观众。我就像一个无聊的大学教授，试图在一堂课的时间里“快速”浏览完 700 张幻灯片。不，我的情况甚至更糟，我还想为每个人提供针对性的帮助。我会回答每个人的问题，并为每一个更加具体和个性化的问题提供针对且深入的解决方案。我试图成为一名优秀的服务提供者，并尽可能做到尽善尽美。

房间里仿佛笼罩着一层名为“疲惫”的沉重面纱，气氛压抑得几乎令人窒息。我像一位博学的教导主任一样在讲台上滔滔不绝，而我的大多数听众却早已昏昏欲睡。或许他们中的大多数人迫切希望能够休息一下，让他们得以喘息并享受一两杯咖啡。又或者有些人可能在想，如果能就此离开这里，想必也不会有人注意到吧。是的，大多数人的心思早已飞到了九霄云外，只有少数人仍跟随着我的思路，整个会场的气氛已经低迷到了极点。突然，在少数清醒的几个人中有人提出了一个具体的问题，我迫不及待地抓住了这个机会，并开始调动我的全部知识储备尽可能详细地做出回答。

当时的我并没有意识到究竟发生了什么。我将自己视为服务的提供者，希望大家能够在我的活动中有所收获。对提出问题的观众来说,这是毋庸置疑的,因为他在某种程度上得到了我的个性化辅导。然而不幸的是，我的热情作答并没有发挥什么积极的作用。因为我根本无法在这样针对性的问答中做到举一反三，以便其他观众也能从中受益。就这样，提问者因这种特殊待遇而感到无比尴尬，而其他观众则完全对我的演讲失去了兴趣。

面对差异化的观众群体，找到他们之间的基本共性至关重要。

此时我们需要关注的往往并不是内容的深度，而是对内容的删减和省略。

> 面对差异化的观众群体，找到他们之间的基本共性至关重要。此时我们需要关注的往往并不是内容的深度，而是对内容的删减和省略。

许多演讲者，尤其是初学者，总喜欢问自己这样的问题："我还需要讲些什么？这个主题还涉及哪些内容？我的听众还需要了解哪些信息？我还有哪些重要的内容要与大家分享？"这让我想起了杂货店里的日常："还需要提供其他商品吗？""是不是要再多些选择？""我们要尽可能多提供一些很棒的商品"，这就是零售业所信奉的"多多益善"。然而在演讲行业中，我们应该遵循的原则却是"少即是多"。所以，你真正需要思考的问题应该是还有哪些内容可以被省略？

流水线上的演讲者

和大多数公司活动一样，"演讲大赛"（Speaker-Slam）通常会持续一天或很多天，期间会有不同的演讲者依次登台进行演讲。一般来说，公司活动会邀请 5 到 10 名演讲者，每位演讲者需要在不到一个小时的时间里呈现自己的最佳表演。这是一场多么激烈的战斗啊！演讲大赛的激烈程度同样不遑多让，演讲者需要在更短的时间内呈现更加精简和浓缩的表演。也就是说，麦克风会在 80 名甚至更多演讲者的手中依次传递，每个人都只有不到五分钟的时间来传递自己的信息。如果你在内容和"鸡皮疙瘩"之间进行了错误的比例分配，那么你一定会遇到麻烦。

这项活动中的大部分演讲内容都是丰富且密集的，但在观众看来，却几乎是乏味、无聊甚至难以忍受的。这时，一位年轻女子站上了舞台，她只说了三两句话，又引用了一两句名人名言，然后请观众们起立共同参与一个互动小游戏，之后又开始唱歌。就在这短短几分钟的时间里，人们欢笑、思考、感动，甚至载歌载舞。掌声、掌声、连绵不断的掌声！最终，她被专家评审团和观众评为了此次大赛的冠军。

颁奖典礼结束后，这位女士站在我面前，眼角挂着喜悦的泪水，她带着疑惑的表情问我说："赫尔曼，我什么都没有做啊？！真的什么都没有，我只是跳来跳去并唱了一会儿歌。这样怎么可能赢得冠军呢！"

> 质量不仅仅包括内容，还包括乐趣、幽默、互动、欢乐和多样性。

不，你当然可以。因为质量不仅仅包括内容，还包括乐趣、幽默、互动、欢乐和多样性。事实上，很多人都低估了情感对内容的丰富和补充作用。

每分钟都有很多笑声

在我能够在不同大洲、不同国家以及不同城市组织和举办演讲大赛之后，我开始问自己："究竟什么样的人能够获得冠军？"多年来，我一直致力于研究笑声与成功之间的关系。我所做的其实就是统计演讲大赛过程中的笑声数据，简单来说就是参赛者所引发的笑声次数。根据我的统计，获得最多笑声的参赛者往往也会是最终的冠军，或者至少能够进入冠军的候选名单。

目前为止，只有少数例外出现在那些讲述极端故事或悲惨命运的参与者身上。以我无比尊敬的安德烈亚斯·波特（Andreas Pott）为例，他曾怀着无与伦比的勇气与强大内心讲述了多名施暴者对他的多次虐待，这样悲惨的经历几乎会让听者的血液凝固。尽管没有一次笑声，但他仍获得了演讲大赛的冠军。

除此之外，所有人都喜欢笑声，包括那些百忙之中抽出时间来聆听 80 多位演讲者演讲的专家评审团的成员。

笑声似乎是赢得人心和奖项的有效方式。是呀，笑声就是这样一种美妙的存在，它会深入人心，也会激活身体，唤醒现场的每一位观众。笑声的作用体现在生活中的很多方面，而对于正在参加一些无聊活动的观众来说，其效果无疑更加明显。

> 笑声似乎是赢得人心和奖项的有效方式。

几年前，我曾受邀为我的书籍举办一场演讲。为了不让现场的 300 多名观众以及我的出版社失望，我在 90 分钟的时间里全力以赴。活动结束后，一个人走过来对我说："106，恭喜你。"我很疑惑，不知道他在说什么，并问他 106 是什么意思。他的回答让我明白，其他人也有统计笑声的想法与习惯。他对我说，作为该活动的常客，他从某一天开始养成了统计笑声的习惯。90 分钟内共有 106 次笑声，也就是每分钟不止一次。他说，我创造了这个活动的记录。

这次谈话让我清楚地意识到，除了内容之外，人们还希望体验娱乐与消遣，也就是那些能让人起鸡皮疙瘩的东西。演讲的质量更在于它所传达的喜悦与欢乐。相较于更高密度的知识含量，我们更应侧重知识的呈现质量。

作为一名演讲者，你真正的竞争对手其实是魔术师和喜剧演员，因为他们日常工作的常态就是为观众带来惊喜、"鸡皮疙瘩"和笑声。

质量由顾客决定

很多情况下，我们并不会对产品或服务的质量进行评价，因为我们根本无法评价质量本身。事实上，我们只会对一些在我们看来与产品质量相关的内容做出评价，尽管这些内容可能与真正的产品质量毫无关系。也就是说，我们会使用“质量替代品”，即我们所认可的质量参照物做出评价。

> 我们只会对一些在我们看来与产品质量相关的内容做出评价。

假设你必须接受一次全麻手术，即使你参与了服务也就是手术的全过程，你也很难对其操作质量做出评价，因为不幸的是（或者幸运的是）你被麻醉了。即便你一直处于清醒的状态，外科手术也超出了除医生以外大多数人的经验范围。你或许可以通过术后的伤口愈合时间、疼痛的持续时间、恢复正常生活的时间以及不再被称为“病人”的时间来评估这次手术的治疗效果，但这一切也都只是你的主观判断和验证标准。

我们发现，人们对医院的评价大多与工作人员的友善程度以及食物的数量、质量和口味有关。可见在保障基本医疗服务质量的前提下，更好的伙食供应和微笑的工作人员要比详细的手术操作描述更有意义也更有作用。

尤其对于那些提供无形产品或服务的品牌或公司，“质量替代品”的作用就会更加明显。因为这种无形性使得消费者无法产生最直接的使用体验，进而给企业带来了更大的挑战。在这种情况下，企业必须在营销和推广过程中找到合适的有形替代品。因为越是难以理解、难以触摸或差异性小的服务，越容易让顾客通过其他的替代标准来做出判断。这种所谓的关键信息会对产品及服务的购买决策起到决定性的影响，例如：

- 商店或餐厅里的客人数量，候诊室里的病人数量
- 商场、柜台、更衣室或顾客卫生间的清洁度
- 员工的外在形象
- 产品的颜色
- 传单的可读性
- 员工的友善度
- 投诉响应时间
- 试用过程中的响应速度或服务质量
- 口号、商标以及企业整体形象设计
- 网站的专业性
- 产品及服务表现力
- 企业规模或分支机构数量
- 企业的合作或隶属关系
- 企业对环境、气候或社会的贡献
- 企业形象或信誉
- 质量认证或奖项，例如国际标准化组织认证（ISO）、德国技术监督协会认证（TÜV）、有机标签及各类奖项等

越来越多的顾客会参考其他用户的使用体验与评价，例如：哪些名人使用并推荐了某项产品或服务？换句话说，这些公司、产品或服务的热度究竟如何？你的朋友、亲戚或熟人圈子中有哪些人购买了该公司的产品？谁没有购买过这些产品，原因是什么？

如果客户没有在上述信息中找到任何有效或看似有效的产品差异或判断依据，他们就会将目光聚焦在区分产品或服务的最后一个选项上，即价格。然而遗憾的是，太多的公司都只为客户提供了价格比较这一个选项。

> 产品质量由顾客决定。

我们从中得到的启示是：产品质量由顾客决定。也就是说，你要将合适的质量替代品替换为潜在客户心中对产品质量的评判标准与判断依据，这样你就能为自己创造优势，进而取得市场领先地位。

演讲质量的保障

为什么一些演讲者能够获得很高的报酬？不仅因为他们的讲座有趣而生动，并且符合所有高质量演讲的评判标准，还因为他们为自己赢得了声誉，即可以提供值得信赖的品质保障。他们可以保障“鸡皮疙瘩”的产生，可以保障情感的共鸣，也可以保障参与者的满意与热情。而这正是客户所希望的东西，为了确保万无一失，客户往往会选择与这些在他们看来值得信赖的演讲者合作。

假设一位摄影师接受了一份婚礼拍摄的订单，而婚礼本该是两位主角一生中最幸福的时刻。尽管在我看来，这件事本身就是人类所面临的最大悲剧之一——如果婚礼是一个人一生中最幸福的时刻，那么我永远都不会结婚。因为结婚就意味着我未来再也无法拥有更加美好的时刻，那么我宁可选择永远单身并与朋友们共同度过更多的快乐时光。言归正传，假设这位摄影师在婚礼结束后不幸发现自己的存储卡空间已满，或者他的相机出现了某种故障或其他什么突发情况，那么事情就不妙了。因为他无法要求新婚夫妇为了拍照而再举办一次婚礼。就如同举办方不会因为某位专家或演讲者的失误而重新举办整场活动，更遑论每场活动的效果与动机都是不可复制的。由此可见，成功的保障至关重要，即演讲者要确保可以在任何情况下进行表演并保障效果。

有这样一个故事，一位司机将出了故障的汽车开进了修理厂，修理师傅只拿着锤子敲了一下发动机缸体，就收取了 200 欧元的修理费用。

“这简直是敲诈勒索！”顾客愤怒地说，“只用锤子敲了这么一下就要收 200 欧元？我自己也可以做到这一点。”

修理师傅平静地回答道：“敲这一下只需要 2 欧元，但知道敲哪里就价值 198 欧元了。”

在一场收费一万欧元的演讲中，演讲本身的费用只有一千欧元，其余费用则是用于购买这场演讲为举办方以及活动参与者所带来的所有好处与利润收入。

也就是说，除了保障演讲本身的质量与效果，演讲者还需要提前为客户提供值得信赖的质量保障，进而赢得更多新客户的青睐。这才是演讲市场真正的入场券！你需要获得潜在客户的信任，并根据他们的诉求提供明确的品质保障，满足他们的真正所需。

> 你需要获得潜在客户的信任。

因此，你的任务是在提供实际服务之前对自己的能力和水平进行充分的展示，让客户相信你是这项工作最合适的人选并且完全可

> 你需要根据客户的需求对展示信息进行微调。

以胜任此项工作。也就是说，你需要根据客户的需求对展示信息进行微调。如果你无法从众多竞争对手中脱颖而出，即没有找到足够合适的质量替代品，那么这场客户争夺战最终只能发展为价格战，因为价格是同等条件下影响客户选择的唯一最终标准。但是，千万不要让事情发展到这一步！

第 *8* 章

人生是渐进式成长

熟能生巧

如你所知，长期背负巨额债务的我曾度过了很多个不眠之夜。我曾百无聊赖地站在那里，心里清楚自己必须做点什么。后来，我决定成为一名演讲者，但这并不是因为我确信自己特别擅长于此，也不是因为这是我一生的追求。唯一的原因只在于，我希望在还款期限到来之前以某种方式摆脱这些债务。而事实上，相较于我所期待的人额收入，最初我遇到的是沉重的打击。

愤而离场的观众

我曾感到无比自豪，能够在演讲生涯开始之初与一位颇受欢迎的励志演讲者共同登上舞台。我要在一个可以容纳 700 人的大厅里呈现一场长达一个小时的演讲。我全副武装、整装待发，认为自己做好了准备。

而直到那个下午真正来临，我才知道组织一场 20 人的互动培训和站在舞台明亮的聚光灯下面对700名观众进行一场长达一个小时的零接触表演之间简直是天壤之别。事情的发展没有任何意外，毫不夸张地说，这简直是一场灾难！

尽管准备充分，但在演讲开始不到几分钟时我就发现，这一切根本行不通。我感受不到自己，也感受不到观众。我根本无法准确传达自己的故事和信息。仅仅十分钟后，就开始有超过一半的观众涌向出口。很显然他们宁可到外面休息一会儿，也不想再听我讲话。而留在大厅里的其他观众看起来也并不怎么高兴。

你能想象站在巨大的舞台上面，一边看着人们逃离现场，一边在台词和自尊之间来回挣扎的感受吗？这实在是难以形容。这段经历严重打击了我的信心和自尊，我花了一年多的时间才真正走出了它的阴影。

我确实辜负了这700多名观众的期望。我真诚地希望他们能尽快忘记我以及我那极其尴尬的样子，并将这一天中除此之外的一切美好都保留在记忆之中。

马耳他的昏睡现场

一家制药公司想为员工提供一些福利，因此决定在马耳他举办一场异地活动。活动策划得非常周密且细致，员工的航班、酒店以及五星级午餐等全部安排到位。然而这些安排并没有得到员工的认可，反而收获了大量的抱怨。因为为了准时到达马耳他的活动现场，员工们必须比平时参加法兰克福、慕尼黑或汉堡的活动起得更早。就这样，近120名不情不愿且怨声载道的制药公司员工被送到了马耳他。而我的亲身经历很快让我明白，这种状况显然不是一场成功培训的最佳前提。

公司将员工分成了四组，我负责为其中一组的30名参与者提供培训。和许多其他活动场所一样，我们所在的房间是没有窗户和日光的。好吧，我必须接受这一点并正常开始培训。

所有参与者都为了准时到达活动现场而起得很早。当日上三竿，所有人都变得昏昏沉沉，有些人甚至在午餐时开怀畅饮。在下午 1 点 30 分培训再次开始时，我所面对的就是一群要么撑得昏昏欲睡、要么醉得迷迷糊糊的学员。我不得不使出浑身解数让培训继续下去，然而事情的发展开始不受控制了！保险丝烧断了，整个岛上的电力供应都近乎崩溃。我找到酒店经理，他对我说："没问题，我们可以打开应急照明灯，这样至少可以保证你还站在灯光下面。"

就这样，灯光下的我全力以赴地履行自己的职责，眼前是参与者们把头靠在桌子上的模糊轮廓，不难看出有些人甚至睡着了。在马耳他的活动现场，我站在鼾声如雷的企业高管和员工面前，试图为他们提供一些良好沟通的知识与技巧。好吧，祝我好运！

精英协会

吃过甜点之后，我要在阳光露台上为一群极其优秀的精英人士提供一场演讲。这是一个完全由男性组成的群体，其平均年龄至少在 70 岁以上，甚至更高。

但我完全没有因此而感到困扰，并开始了我激情澎湃的演讲。然后，我惊恐地发现我的听众渐渐开始睡着了。我竭尽全力阻止这种情况的发生，我的声音变得更加洪亮，整个人变得更加富有活力和激情。

然而一切都是徒劳的。每个人都昏昏欲睡，但我的激情并没有受到影响，我拼尽全力试图战胜大家的疲惫。活动的组织者看到了我的努力，他友好地点了点头，微笑着说："谢勒先生，别费力了。先生们早已关掉了助听器。"

就这样，我为这位唯一的听众奉献了整场表演。

空荡荡的市政厅

说起来，这其实是一个简单而悲惨的故事：我曾在一个摆放了800张座椅的市政厅里举办一场演讲，而我的面前只有两名观众。当然，这只是偶然现象，但当你在专业麦克风和音响设备的加持下试图为两名观众带来一场令人愉悦的演出时，那种感觉真是奇妙又难忘。

灾难是这样发生的：因为一位重要的演讲嘉宾临时爽约，我只能临危受命，在相对较短的时间内接下了这个订单。三天后，我动身前往那个市政厅。或者更准确地说，针对这种规模的活动，我通常会带着我的整个团队一起出发。除了我自己以及我的司机，还包括我的助手们乘坐的一辆大巴车，以及一辆装有各类设备和我的书籍的货车。按照原本的计划，我会在活动结束后将书籍赠送给现场的观众。

到达现场后，我走进大厅，热情地与主办方打招呼。眼前的800多张座椅给我留下了深刻的印象，我询问他们预计会有多少观众，以及活动门票是否已经售罄还是尚有余票？令我感到无比震惊的是，主办方说他们也不知道，他们只是发出了邀请，而没有得到任何反馈，因为观众不需要买票就可以直接入场。

什么？！没有门票？没有报名与否的反馈信息？我简直不敢相信自己的耳朵，并且怀疑有什么不好的事情将要发生。出于谨慎，我出去告诉我的助手先不要架起摆放书本的展台，停好车后也先不要挪动车里的设备。

事实上，在活动开始时我的面前没有任何观众，除了活动的组织者、主持人以及八位赞助商。他们无助地坐在大厅的看台上，互相大眼瞪小眼。那一刻我的脑海里天人交战，面对这种情况，我是应该收拾行李回家，还是秉持专业的服务精神继续我的工作？我选择了后者并开始了我近一个小时的演讲。与此同时，我透过大厅的窗户看到一对路过的夫妻，仿佛感受到了这扇敞开的大门的召唤，他们带着几分疑惑和好奇走了进来，并在几乎空无一人的大厅里坐了下来。

此外，自始至终我都没有收到过这场演出的费用，因为主办方不久之后就申请破产了。不知为何，对此我一点儿都不感到惊讶。

支持减少

我曾在《南德意志报》举办过一次演讲，整个过程非常地戏剧化。这并不是我的主观判断，而是我的表现确实非常糟糕。那天，没有提前做好准备的我在舞台上非常紧张，因此语速也非常快。直到某一刻，我突然意识到，我已经脱离了观众，几乎没有人在听我讲话，也几乎没有人能跟上我那飞快的语速。观众开始陆续以一种不引人注意的方式离场。我陷入了自我怀疑，变得犹豫不决，并且彻底迷失了方向。负面情绪如螺旋一般不断上升，那个晚上的我不仅没有呈现自己的最佳状态，还表现得非常糟糕。

在此之前，我的朋友们总会支持和鼓励我说："你能做到的！""不会有事的！""你一定可以！"但在这次演讲结束的那个晚上，我开车从慕尼黑前往莱比锡，途中打电话向那些听过我这场演讲的朋友们寻求反馈，他们中的许多人都对我说："或许选择另一份职业对你来说会更有意义。"哎哟，这可太痛了！

失败也是一种学习

通过展示以上个人职业生涯中的不幸与失败，我想向大家说明：我绝非天赋型选手。但为了找到适合自己的道路、贡献更好的表演和达到观众的预期，可以说，我曾付出了比其他人更多的汗水和努力。我曾经历过很多次失败，尤其在刚开始的时候，各种出其不意的问题层出不穷，甚至曾让我上千次产生放弃的念头。但幸运的是，我没有为自己准备任何退路，我选择顽强地坚持下去，从错误中吸取教训并不断提升个人素质和专业水平。简单来说，就是保持勇敢、坚持不懈！

我非常喜欢渐进式改进，而所谓渐进式成长其实是一次次失败中的不断前行。每个人都希望能够一蹴而就地完成所有事情，但这显然是不可能的。

> 我非常喜欢渐进式改进，而所谓渐进式成长其实是一次次失败中的不断前行。

小时候的你也并不是一夜之间就学会了走路，对不对？事实上，你花了很长时间才迈出了摇摇欲坠的第一步。从躺着到翻身再到用四肢爬行，这对每个人来说都是一个巨大的进步。后来，你在别人的帮助下站了起来；再后来，你可以凭借自己的力量保持双腿站立并保持平衡，这是一项怎样的壮举！终于，你将一只脚放在了另一只脚的前面，毫无疑问，你会在柔软的垫子上扑通扑通地摔倒几次，直到你能够在一定程度上控制自己的身体和四肢。

可能孩子们有时会冒出这样的想法："只要我想走路，我就一定能够做到。我只需要一直躺在这里，等待那一天的到来。"毫无疑问，这实在太荒谬了，这种行为简直难以想象。然而有趣的是，这正是我们在成年和职业生涯中试图去做的事情，即拥有一个绝对完美的开始。

“失败加速度”提升能力

我们来看看演讲业务的发展规律以及演讲者们的学习曲线。在将自己的职业发展规划定位为教练、培训师或顾问后，你会在各种各样的舞台上对自己选定的主题进行巡回表演，比如冲动之下签下的商演、演讲大赛或其他活动。事实上，所有第一次登台的演讲者都不可能像专业演讲者那样表现得完美无缺。那么我们究竟该怎么做呢？经验表明，一场演讲至少要经过几十次的表演打磨才能变得成熟。而只有足够精致、足够完善和足够精彩的演讲才能真正发挥激励人心的作用。

如果我们带着自我批评的消极态度去看待每一次“不完美”的表现，那么你可能一直在经历失败。但从积极的角度来看，这其实是一个改进和成长的机会。犯错是人类的常态，也是每个人成长过程中所必须经历的。每当在演讲大赛中看到一些演讲者表现得不甚完美时，我都会感到庆幸，因为每经历一次失败就意味着他们未来可能会变得更好。我喜欢亲切地称其为“失败加速度”，即我们应尽可能快速和频繁地经历失败，让我们的学习曲线变得更加陡峭，进而更加快速地提升自己的综合能力。

> 我们应尽可能快速和频繁地经历失败，让我们的学习曲线变得更加陡峭，进而更加快速地提升自己的综合能力。

唯一的障碍只在于，我们可能会从失败中得出错误的结论。在我看来，95% 以上失败的演讲都是因为缺乏练习。因此，他们需要做的很显然只是打磨自己的表演，即以更加自信和松弛的状态为观众带来一场会起鸡皮疙瘩的演讲。但初学者往往会选择对自己的演示文稿以及演讲内容进行微调。更糟糕的是，有些人还会质疑自己的整体定位，甚至将其彻底推翻。因此，尽管有些人已经积累了一些舞台经验，却总是只能以初学者或舞台小白的身份开始他们的表演。

不同的学习曲线

我曾碰到过一位选手，暂且称他为罗兰吧。舞台上的他全情投入，并在演讲大赛上发表了自己的第一次演讲。实话实说，他的表现并不好，糟糕的发音和表达让他甚至达不到中等水平，或者更准确地说，他表现得真的很糟糕。但事实上，类似的情况经常发生，这也并不是一件坏事。但无论如何，他沮丧地离开了舞台并希望找到改善自己的方法。

理论上来说，如果我们首先排除他会选择直接放弃演讲这个职业，那么摆在他面前的可能有三种答案：

1. 他需要改善自己的舞台表现。
2. 他需要调整和优化演讲的内容或信息。
3. 他的整体定位显然是不合适的，他需要重新考虑自己的定位。

不幸的是，罗兰从一开始就选择了第三个选项。他坚信自己必须彻底重塑自己、选择新的定位并重新出发。这是多么巨大的努力与付出啊！

三个月后，他再次参加了演讲大赛，但由于表现不佳，他再次失败了。他的坚韧令我赞叹，他没有放弃，而是开始了第三次尝试。当然，他再次选择了一个全新的定位，以及一系列未经训练和测试的演讲材料。

你大概可以猜到故事的结局。没错，他的第三次亮相也以失败告终。他感受到强烈的挫败感，并最终确信他根本无法做到这件事，只因为他还不够优秀。在经历过三次可怕的失败之后，他最终选择了放弃。但事实上，这一切都是他咎由自取。

迈克尔·冯·昆哈特（Michael von Kunhardt）就是一个反例。他和罗兰有着相似的经历，却从失败中得出了完全不同的结论，进而做出了完全不同的决定。迈克尔也参加了演讲大赛，并且表现平平。沮丧的他同样离开了舞台，然后报名参加了另一场演讲大赛。

但这两次表演之间存在着巨大的差异。迈克尔坚持了他原来的定位，发表了基本相同的演讲，只在一些细节之处进行了微妙的调整和改进。最重要的是，他努力提高自己作为演讲者的表演水平。尽管他的演讲仍然称不上世界一流，但已经比他第一次的亮相要好太多了。所以在他第二次离开舞台时，尽管还是有些不高兴和不满足，但也没有达到心灰意冷、垂头丧气的程度。和罗兰一样，他也报名参加了第三次演讲大赛。

在这次演讲中，他震撼了整个舞台，并最终登上了领奖台，成为整场比赛的冠军！我高兴地为他颁发了奖牌。如今，他的演讲受到了很多人的欢迎，他几乎马不停蹄地往返于不同企业和机构的活动现场。在此期间，他再次回到了演讲大赛，但这一次他没有站上舞台，而是作为陪审团成员坐在我的旁边。

我坚信，罗兰和迈克尔都具备很好的发展前景。他们在能力和知识水平方面旗鼓相当，并且都选择了很有发展前景的主题和广泛的定位。总而言之，他们的起点是不相上下的，却走上了不同的发展道路。罗兰选择不断从初学者开始，也许因为在内心深处，他对自己和自己的主题并没有信心。当然，这只是我的猜测，我还没有和他就此展开过讨论。与之相反，迈克尔决定在现有基础上不断地坚持，并在过程中一点点地改进自己。事实证明，迈克尔的选择是富有成效的。

我的建议其实很简单，那就是坚持下去、不要放弃！假设你进行了一场糟糕的演讲，可无论多么糟糕这都已经过去了。重要的是你从中收获了哪些有益的经验并选择继续坚持下去。相信我，你会变得越来越好。你的演讲已经足够优秀了吗？不，可能并不是，你要在一次次的练习和表演中不断完善自己的演讲，直到有一天你掌握了其中的窍门并让人产生了起鸡皮疙瘩的感觉，这时你会发现，你成功了！

坚持下去——直到你掌握了窍门并让人产生了起鸡皮疙瘩的感觉。

第 9 章

赢得领先的制胜公式

稳定而又灵活的定位

如上所述，有些人会花费数年乃至数十年的时间去寻找真正适合自己的定位。他们花费大量的金钱并聘请无数的顾问和教练来帮助自己找到最完美的答案。当然，这样做并不是完全错误的，毕竟我自己也会为人们提供定位方面的建议和指导。但我并不认可的一种做法是：太多人因过度追求完美的定位而放弃了摆在眼前的盈利机会。也就是说，他们在个人定位上花费了太长时间，而让自己无法集中精力在更重要的事情上，这其实是一种本末倒置。

他们迟迟不愿进入市场，因为他们认为自己还不具备进入市场的条件。但他们所错过的那部分市场收入才是他们真正的痛苦之源。每当有人对我说，他认为自己的定位还不够合适，他要再考虑一下或继续对其进行微调，我就会对他说："当然，你要给自己更多的时间，但你想想每天至少上千欧元的销售损失和收入损失。"

很多人都错误地认为自己还没有做好准备，因为他们还没有明确自己的定位，没有做好分类，或者没有找到正确的发展方向。我充分理解这种痛苦，因为我在职业生涯初期也有类似的感觉。但现在看来，这些痛苦其实是自寻烦恼，我不明白自己当年为什么要被这些不必要且根本不存在的问题和担忧所困扰。但对当时的我来说，这些痛苦几乎是压倒性的，这也是如今很多人所面临的一个巨大的挑战。此刻的你或许也正面临这样的困境，但请相信，事实并不如你所想的那般严峻，我也曾在我的职业生涯中多次经历类似的情况。

我坚定地认为，定位是可以在 30 分钟内完成的。之所以在这里夸下如此海口，是因为我总是能够在很短的时间内为每位咨询者找到合适的定位。即使是那些花费数年时间寻找和调整自身定位的人，也能在我的帮助下迅速明确个人定位、赢得领先并真正开启自己的职业生涯。

为了让大家更快找到适合自己的定位，我在这里为大家提供一个赢得领先的动态制胜公式：

（你的名字 + 你的价值 + 你的效用 + 你的信息 + 可变性 + 独特性 − 平庸危机 − 不满程度）× 可见性

这个赢得领先的制胜公式是动态的，因为我相信定位会随着时间的流逝而不断变化。就此而言，如果人类的平均寿命可以达到 100 岁左右，那将再好不过了。以你今天的定位为例，我相信在 10 年、20 年、30 年或 40 年后将不再适用。因为世界与你都处于不断变化之中，你的兴趣和能力都可能有所改变、优化或拓展。这就是为什么我认为追求一个永久适用的定位是错误且具有误导性的。在我看来，一个定位最多可以保持六个月的有效期，这或许听起来有些疯狂，但定位本身就应该是动态变化的。你最好从一开始就不要抱有永久保留某个定位的想法。

坚持使用自己的名字

名字可能是每个人生命中唯一可以保持不变的东西。当然，很多女性可能会在结婚后冠以夫姓。那么个人定位的第一部分应该由什么构成呢？我知道这个答案听起来非常平庸，那就是永远坚守自己的名字。

在最近的一次线上活动中，一位女士问我，她是否可以使用自己的本名达格玛·费舍尔（Dagmar Fischer）进行推广和宣传。当然可以，为什么不呢？取得巨大成功的海伦·费舍尔（Helene Fischer）也被称为费舍尔。无论你的名字是费舍尔（Fischer）、迈尔（Meier）、胡伯（Huber）、舒尔茨（Schulz）、谢勒（Scherer）还是其他什么，从逻辑上讲使用你的名字都是没有任何问题的。“常见名字”可能出现的唯一问题就是同一领域中是否已经存在使用该名字的其他名人。

我发现很多人不会或很少在社交媒体上使用自己的本名，即便使用，他们也会以一种非常奇怪的表达方式来指代自己，比如在自己的名字前放置定冠词[①]，如“这位弗莱施豪尔先生”或“这位胡伯先生”。许多人还试图用一些奇怪的描述来代替自己的名字，比如“生活诗人”或“生活哲学家”。然而这些其实没有任何意义或相关性，至少当你试图以此隐藏或掩盖自己的名字时是这样。当然，

① 正常来说，德语人名前不应加定冠词，此处的用法是为了突出使用者的独特性。

这样的噱头是可以被用作副称呼或补充信息的，但决不能成为你的主称呼。请严肃且自信地说出自己的名字，并坚持下去！

名字应该是你自身定位的重要组成部分之一，就比如大家也总是会直呼你的名字，而不是说“你好，销售教练先生”，对吧？你所做的一切都与自己的名字直接相关，无论你是一名需要出席发布会的作者，或是需要登上舞台并将自己的名字印在海报和节目单上的表演者，还是你正在提供某项服务或销售某种产品。在你的人生中，无论你是否需要向外界传达信息，你的名字永远扮演着不可替代的重要角色。

我从来不觉得赫尔曼这个名字有多么特别，因为我的两位祖辈也都叫这个名字——赫尔曼·保罗·约瑟夫（Hermann Paul Josef）。我曾经想给自己起一个另外的名字，但现在我已不想再纠结自己的名字究竟是“对”还是“错”了。这对我来说完全是浪费精力，我也绝不会改变自己的名字。当然，这只是我的个人看法，每个人都可以选择给自己起一个艺名或更改自己的本名。我只是认为这没有必要，因为坚守自己的名字不仅仅代表着一种我刚刚想向大家传达的务实态度，还代表着一种心态，即相信自己的名字是有价值的，也相信自己是一个有潜力的人。如果此时的你还不这么认为，那就想一想海伦·费舍尔的故事吧！

多年前，当我和一位朋友谈论品牌服饰的话题时，她斩钉截铁地对我说：“我们不会购买任何名牌服装，也不会为任何名字付费，就如同我们自己的名字也不会为我们赢得任何报酬一样。”这句话让我感到无比困惑，在父亲与我说过的不多的话语中，有这样一句话出现的频率特别高，即“谢勒这个名字有很重要的意义”。作为第二次世界大战期间的一位难民，或许有很多原因让他不再愿意给自己的名字赋予任何意义。我的名字代表着我，我也将始终坚守自己的名字，这是我对外界的承诺。当然，并不是所有人都会信守自己的诺言。但就我个人而言，我曾因遵守诺言而遭受过很多损失。

我曾经接下了一份订单，但不幸的是，我不知为何忘记了那天我本来还有另外一场演讲。一天时间内完成这两场演讲似乎是不可能的，因为一场活动在慕尼黑，而另一场则在柏林。在同一天内往返两个城市并贡献两场表演，这绝对不可能！但如果取消其中某一个订单，我就可能会被人视作骗子，或者至少让人觉得不可靠、不值得信赖——谢勒接下了他根本无法完成的订单。我绝对不能允许这样的事情发生！突然我灵光一现，租下了一架里尔喷气式飞机。当然，这也并不是我人生中唯一的一次飞机租赁。就这样，我及时从慕尼黑赶到了柏林，两位客户都非常满意。其实租用里尔喷气式飞机的费用比我两项活动的收入总和还要高，但仍在我的承受范围之内。我很庆幸自己能够以这种方式兑现自己的承诺。赚钱对我来说当然很重要，但这只是第二位的。在我个人的排序中，"赫尔曼·谢勒会永远信守诺言"的品牌承诺才是永远居于首位的，这也是我最重要的品牌承诺。

我的名字很有价值，所以我用它制作了我的标志。很多人想知道在设计个人标志时应该采用哪些元素，如加号、信鸽等。但在我看来，这些完全没有必要。我的标志只是我的名字的字母拼写。诚然，为了突出价值感和可信度，我对颜色进行了一些设计。其实我最想要的是钻石的颜色，因为在我们的观念里钻石几乎是最有价值的东西。但这个颜色在网络上的视觉效果不是很好，所以我们最终选择了金色，并尝试以一组非常漂亮的渐变色来展现一种绚烂多彩的金。

当然，这其实只是个人品位的问题，你最终一定能够找到适合自己的标志。

请记住，定位的第一步是你的名字，要相信你的名字具有值得探索的价值与意义。所以，先去看一看自己的名字本身可以传达和体现什么信息吧！相信有些人此时已经再次陷入深深的自我怀疑，不妨再去看看本书第 2 章的内容，尤其是“怀疑点合集”。

传递价值和效用

很多人想知道如何体现和表述自己的价值。简单来说，就是对你的专长、你的领域以及你的业务范围进行描述，或者更宽泛地说，就是展示你的“抽屉”。要注意，描述这些内容的语言应该尽可能简单和浅显易懂。

请记住：宽泛的定位要优于狭窄的定位。所以，请尽可能采用较为宽泛的关键词，比如销售、培训、管理、个人发展、领导力、营养、健康、健身等。在这里，我们需要坚持的基本原则就是保持简单。即使你有时会想“这样听起来实在太简单了”，也请不要动摇你的想法，就保持这个状态并等待一段时间，然后你就会发现，这是一个多么正确且明智的选择。因为人们不会运用自己的聪明才智来尝试理解你的那些故作深沉或自以为高明的文雅表达。

“抽屉思维”在《杜登词典》中具有相当负面的含义，它是一种“以僵化的类别划分为导向的、无差别的、狭隘的思维方式”，但就定位而言，抽屉思维是正确且有价值的。正如前文所述，人类的思维方式是分类思考。也就是说，你的潜在客户希望能够把你划分在明确的抽屉之中，并关闭抽屉，这样他们就可以在需要时快速找到你。当然，你也可以强烈抗议并严词拒绝：“无论如何，我就是不想被放在任何抽屉之中！”然而，没有抽屉就无法形成任何有效的定位。

如果你能够让自己被轻松地归类，或者你将自己的业务范围塑造得明显适合于某一个已知的抽屉，那么你就具备了一个可以决定成败的巨大优势。相反，如果客户不知该将你归入哪个抽屉，你就会被客户的需求体系排除在外并处于隐身状态，因为你无法引起大家的关注并且很快就会被遗忘。

我所在行业的许多知名人士都没有为自己设置一个狭窄、具体或“酷炫”的分类，而只是一个宽泛的“抽屉”，因为这是获得知名度的绝佳途径。诚然，这样的表述并不是很具体，也不是很特别，但这同样并非你的最终目标，它只是为了帮助客户对你进行识别和快速分类。对于成功至关重要的一点就在于，客户能够第一时间做出判断：“她是从事个性化发展的，明白了！”“他的领域是健康和健身”“这些是领导力领域的专家”等。

社会本就是人与人之间的简单交互与沟通，因此，你也应该很容易为自己找到一个简单而宽泛的群体。接下来，就请制定属于自己的领域关键词吧！

如果你很难找到适合自己的关键词，那么我会建议你改用效用描述的方法。也就是说，你可以描述与你合作、使用你的产品或预订你的服务等会对人们的生活带来哪些影响或改变。例如，“改善营养”或“生活得更健康”就是一种效用描述。但我认为，将价值主张表述为两个或三个效用的组合会在某种程度上显得更加和谐和连贯，其效果也会更好。通过这种方式，你可以在保持宽泛定位的同时体现更多不同角度的价值。即使你已经确定了某个关键词，你也可以在此基础上进行进一步的延伸和拓展。例如，“生活得更健康与提高业绩”，这是我们从更加健康的生活方式中获得的更多好处。

我曾经指导过一位女士，她将肢体语言设定为自己的抽屉。于是，我们将她的名字与肢体语言相结合，并用一个三连词组来表述她的定位，即“效果 – 永远 – 无处不在”。

那么，你是否找到属于自己的单个、二连或三连词组了呢？你为你的客户、你的观众以及身边的每个人创造了什么？或者你也可以使用一个简单的句子，就像艾德卡公司提出的“我们热爱美食”一样，句中所用的“美食”恰巧强调和契合了宜家想要表达的核心内容和价值观念。

创建极具说服力的信息

制胜公式中的另一部分是与个人定位相匹配的有效信息表述。正如我之前提到过的“黄金计划”课程学员丽莎·莱因海默，她提出的口号“你的孩子将成为班级英雄”恰好契合了家长的心态与需求。此外，还有以下几个例子：“活出自己”“赋予生活独属于你的意义”“找到新的人生方向”，以及健康领域的“因此变得更加健康和敏捷”“克服内心的怠惰与软弱”等。

通常来说，这些信息是对你曾在不同场合或多或少明确表达过的内容的提炼与总结。它们应服务于你的定位，在最好的情况下，它们可以像滚烫的炉灶（详见第 5 章）一般帮助你吸引别人的关注并提高知名度。

这样做的好处在于，即使标题和关键词会随着时间的推移而略有变化，但你的描述信息通常可以保持不变。想想第 3 章中马库斯的故事和他所碰到的定位问题。无论是最初选定的“自我效能感”定位，还是后来更改的“卓越”主题，都适配他的描述内容“个人发展”或“冒险人生”。

因此，当你觉得自己的描述信息不再适配自己的定位，并打算彻底换掉所有的内容重新开始时，请先花些时间看一看你当前所选择的关键词。你的信息现在是否更适合另外一个主题或关键词？如果是这样的话，请调整你的定位，而非描述信息！

一切皆可改变

我一直不推荐大家选择一个比较狭窄的定位，因为这会局限你的发展方向，阻止你探讨更多可能的内容。因此我总是喜欢选择一些普适性的定位，使其放之四海而皆准。从“选择”一词不难看出，我曾不止有过一个定位，而是有很多个。或者换句话说，我曾在不同时间、不同地点使用不同的标题、副标题和关键词，但它们都符合我的最终定位。因为这个定位足够宽泛也足够完美，甚至可以适配我的所有可能。

我最喜欢的演讲之一是“未来市场的杆位准则”，十年间它曾为我创造了数百万美元的销售额。这个选题的精彩之处在于，它既符合企业客户的激励需求，也能吸引大量个体消费者的兴趣。所有的企业和个人都希望了解获取未来市场领先地位的游戏规则。在这个标题下，我可以自由选择想要传达给大家的任何内容。因为在我看来，所有内容都有助于获得未来市场的领先地位。

一本书的标题可能只是印在封面上的几个字，而整本书的字数却可能达到五万甚至更多。很显然，我们无法将一本书的所有内容都体现在标题中，这是完全合乎逻辑的。否则，如果标题已经涵盖了一切，那么大家也就没有必要再翻开这本书了。

由此可见，标题、副标题和关键词都是不完整的、精简的文字集合。不要将此视为缺点，而应充分利用不完整所带来的选择自由。

从理论上讲，定位越清晰，可以探讨的内容选择就越局限。很多人都因为对自身定位过于精确的描述而让自己的生活和工作变得过于复杂，就像第 2 章中提到的那位只拍摄红色怀孕猫咪的摄影师。因此，我们要从一开始就做出不同的选择。不要在通往杆位的道路上自设障碍，因为还有很多其他的挑战在等着我们。

大多数情况下我们都会对自己感到不满，认为某些方面准备得还不够充分或不够完美。但正如我很喜欢的那句话所说的："人生最大的完美在于接受自己的不完美。"这句话对我影响颇深，也同样适用于定位这件事情。我们应该迅速接受这样一个事实：你的个人销售主张永远不会完美，也永远不会终结，因为这本就是不可能的事情。所以我们需要做的就是以当前的定位进入市场，坚持自己的价值主张并赚取利润。如果一段时间之后，你想要或需要对其中的某些内容进行调整，那也是完全可行的！

独特性是关键

如上所述，找到一个一以贯之的独特销售主张几乎是一项不可能完成的任务，因为大多数的主题都并不独特。我常说的一句话是：我们讲述的很多内容可能都已经被亚里士多德和塞内卡讲过了。我们还没有想出那么多的新内容。事实上，真正新鲜和独特的并非是独特销售主张，而是个人销售主张，因为只有你才是永远独一无二的。即使你像我或其他演讲者一样，都在讲述"动机"这一主题，但你与我以及这个世界上的每一个人的讲述都有所不同。因为你本身就是一个与我、与所有人都不同的存在，你有着独属于自己的人生经历与故事。

你的人生就是你的最大机遇。你可以讲述自己生活中的故事，而这些故事与其他人所分享的人生经历是没有可比性的。因为你对世界有着自己的独特看法，这是独属于你的观点。所以我们需要遵循的规则其实很简单，那就是：坚持那些你想说和必须说的话。

没有什么是平庸的

很多人担心自己在别人眼中仍不够权威和有说服力，因而宁愿花费更多的时间去积累经验和知识，但这最终只会减缓他们的前进步伐。正如我在前面提到过的：专业知识会降低你的报价或收入，因为人们只需要简单地搜索就能在互联网上找到大量的专业知识。人们真正想要购买的并不是专业知识，而是灵感，尤其是来自演讲者的灵感。如果你的话题能让人起鸡皮疙瘩，那么你的演讲就可以表现得更加“浅显易懂”，使其成为所有人都可以理解的内容。

如果你认为自己所做的事情都非常的平庸，那也是很正常的，因为从逻辑上讲，每个人都觉得自己的人生是稀松平常的。毕竟，每个人都对自己所从事的领域十分熟悉，也就是我所说的平庸危机（详见第 6 章）。但事情的关键从来不在于你对自己的看法，而在于观众是否认为你的内容过于平庸——就此而言，我的答案其实是否定的。

在我看来，我所讲述的所有关于定位的内容以及我在这本书中写下的所有信息都非常的平庸，毕竟这是我已经讨论了 30 多年的话题。但这些在我看来稀松平常的内容，对其他未曾长期接触这个领域的人来说，不可能是平庸且平凡的。关键问题在于：我能否以一种可以理解的方式向非专业观众传达我的知识和经验，以及我给出的建议是否能够帮助人们实现事业上的目标和成功？

在我的税务顾问看来，我提出的很多问题都非常的简单和平庸。

正如他为我以及无数其他客户所提供的服务一样，他需要反复回答一些在他看来无比简单的相似问题。因为他很清楚，对于像我这样听到“纳税申报表”就开始大喘气的税务小白来说，或者在那些坐在他的办公室里或打电话咨询的其他非专业人士看来，这些问题都并不平庸。

你几乎可以在所有职业领域进行以上思维实验。例如，你可以先在自己的家人、朋友或熟人圈子里进行尝试，或者以你的个人榜样为例：你认为他们所做的事情是平庸的还是令人印象深刻的？他们能向你传达什么信息？他们的哪些故事对你来说是极具开创性的？

更重要的是，你要进一步反问自己：你认为在你的职业规划和业务开展过程中，哪些方面是平庸的？不妨对这些所谓的平庸内容进行一下测试：这些你所知、所会、所做的事情在其他人，即你的潜在客户看来真的稀松平常吗？我敢打赌事实绝非如此。你能传达什么内容？你能提出哪些建议？你如何支持并帮助他人？如果你所从事的领域真的非常复杂，那么你更应致力于以一种更加容易理解、更加浅显的方式将其呈现给更广泛的人群。无论如何，请尽可能吸引人们的关注，并通过你的分享解决人们的问题与困扰。

与自己的不满和解

你的任务是给自己找到一个合适的定位，你可以借鉴第3章中提到的“定位自查”方法。此时，你的疑虑可能再次占据了上风，你会想：“天啊，我真的可以吗？我已经准备好了吗？”我可以非常肯定地回答你：“是的，你可以，你早已做好了准备。”

接下来，我将借由一个严肃而又亲切的提议给你施加一些压力，你也可以将其视作一个小小的挑战：请在30分钟的时间内找到自己的定位。注意，这并不是一个玩笑！

我非常确定，你并不会对这个半小时内得出的结果感到100%的满意。你会觉得它仍不够完善，或者缺少些什么。在你看来，它可能还不够有吸引力、不够酷炫或不够巧妙。又或者，你认为这个定位太宽泛、太简单或太平庸了。你的脑海中可能正回荡着各种各样的声音，或者更确切地说是不满的声音。你会反复地思考，你想要做的事情或者你的定位可能完全行不通，因为它们不够酷炫或缺乏吸引力等。

接下来就是最疯狂的部分：接受这个定位并立即行动起来！请注意，我再强调一遍，无论如何立即着手去做！原因很简单，你的定位是动态变化的，你可以随时对它进行调整。但不是今天，也不是明天，准确来说，至少六个月内你无须调整自己的定位。

定位过程中，你使用了自己的名字。因为你的名字在一定程度上代表着你当前的业务领域、业务分类（抽屉）以及价值主张。此外，你还创建了一些极具说服力的文字以支撑自己的定位。由此可见，目前为止你已经完成了很多工作。接下来六个月的时间里，你只需带着这些内容走进市场，看一看能够收获怎样的关注与反响，而这一步才是你能否获取成功的关键。

多年的经验告诉我，大多数人的定位都没有问题，问题只在于可见性。但他们却花费数周、数月、数年，甚至毕生时间来调整自己的定位，而不是致力于提高自己的知名度并不断发展自己。因此，即使一开始你可能感到抗拒和厌恶，我还是迫切地要求你尽快作出决定，并在当前定位的基础上，在未来六个月的时间里集中精力提升自己的知名度。当然，理想状态下这个定位也可能是你真正热爱的主题（详见第 3 章）。

至少半年时间过后，你可以考虑是否需要微调，即稍微修饰或美化一下自己的标题、主张或文字。随后你就可以大跨步地向前奔跑了，因为此时的你已经站在了跑道的最前方，具备了其他人所不具备的领先优势，而这正是获取成功的关键。

我曾遇到过很多人，他们花费数年的时间甚至直至逝世都在不断调整自己的定位。这实在太遗憾了！所以，请带着现在你已拥有的内容和已获得的成绩直接走进市场，去吸引他人的关注。因为从此刻开始，你的定位已经没有任何问题，你需要解决的只是可见性的问题，而这个问题是完全可以解决的。

以可见性作为乘数

只有当别人看得到你时，你的定位才有意义。因为如果别人对你以及你的报价一无所知，你显然无法获得任何收入。可见性是制胜公式中的乘数，也是你以及你的事业能够获取成功的决定性推力。

一方面，你可以通过自己的内容（即论点和信息）获得更多的关注，其关键在于创造如滚烫炉灶般的热点话题；另一方面，你可以通过较高的曝光率不断唤醒观众的记忆，进而提高自己的知名度和影响力。记住：要尽可能多地创造大众与你接触的机会。其中也包括一定程度的信息过剩，即你需要不断重复自己的信息，以便将它们牢牢地留在潜在客户的记忆之中。请永远记住：知名度胜过能力。第 5 章中提到的十步计划能够帮助你进一步提高自己的知名度。

杆位工作表

恭喜你！读到这里，意味着你已经做出了一些重要的决定。接下来，你将能够为自己和自己的企业顺利赢得杆位，提高市场影响力和知名度，进而提高销售业绩。尽管我一直不太喜欢采用调查问卷或清单之类的工作方式，但后来我发现，这种方式能够帮助一些人提高自己的执行力。如果你属于此类情况，请借鉴以下工作表格，其中列举了获取杆位的相关重要信息。

接下来，请花费一些时间思考以下问题并做好笔记。但请注意：思考的时间不要过长，为自己设定一个明确的期限，然后立即采取行动并进入市场。要知道，无论多么深思熟虑的纸上谈兵都没有任何用处和价值。

你的名字

- 你的名字有什么意义？
- 它对你来说有什么价值？
- 你的品牌承诺是什么？

你的故事

- 经历即拥有，所遇即所得——人生经历是你获得市场领先地位的基础。回顾一下你曾去过哪里，经历和了解过什么，以及知道和熟悉些什么。

你的个人心得和人生里程碑

- 你最重要的三个人生里程碑是什么？
- 你最重要的三条个人心得是什么？
- 你可以据此讲述哪些故事并将其与自己的主题和业务联系起来？

你的心之所向

- 你的追求是什么？你真正想要什么？你最大的愿望是什么？你内心深处的渴望是什么？你代表什么？你想讲述自己的哪些故事？
- 请借鉴第 3 章中提到的体验式冥想。

你的个人资料

- 你会如何形容自己？你的个人资料中有哪些与众不同之处？
- 请从中提炼出一个合适的主张、一个三连词组或其他类似的东西。
- 你的演讲标题会是什么？或者你所提供的服务或产品名称是什么？

你的“抽屉”或“外套”

- 你在工作中会采用哪些流程、技术、培训或工具？
- 什么概念（外套）能够概括你所从事的所有工作？
- 哪个“抽屉”最适合你，而且能帮助潜在客户迅速找到并记住你？

你的价值主张

- 不要问市场需要什么，要考虑你能为市场提供什么。
- 你所提供的产品、服务以及业务类型能够带来哪些效用价值？
- 你的单个、二连或三连词组是什么？你能为你的客户、学员以及全人类创造些什么？
- 你的主张是什么？

你的潜在客户

- 你的潜在客户是谁？他们正处于怎样的现状？
- 他们面临什么样的问题或挑战？他们有什么担忧和需求？他们的理想状况是什么？他们想要什么？
- 如果不解决这些问题或挑战，他们将面临哪些负面后果？或者说：

  这会给个人造成哪些损失？

  这会给企业造成哪些损失？

  这会给国民经济或社会造成哪些损失？

  针对以上几点，目前有哪些研究？
- 解决这些问题或挑战后，能够产生哪些积极影响？或者说：

  这会给个人带来哪些好处？

  这会给企业带来哪些好处？

  这会给国民经济或社会带来哪些好处？

  针对以上几点，目前有哪些研究？

你的内容

- 你已经准备好了哪些故事?
- 你如何提出适合自身定位的新内容?
- 你如何让人产生起鸡皮疙瘩的感觉?
- 如何让你的内容变得独特且引人注目，进而吸引人们的关注?

你的论点和信息

- 你的论点是什么?
- 你将用什么信息来改变世界?
- 怎样才能获取关注? 请在制定符合自己心之所向的信息和论点的过程中，借鉴七种能够创造“滚烫炉灶”般信息的方法，即实用性、困境、好奇心、新鲜感、非主流、冒犯(挑衅)、伤痕。

你的舞台

- 哪些渠道最能够提高你的可见度?
- 你最容易在哪里接触到自己的潜在客户?
- 什么情况下你能够更好地展示自己?
- 哪里让你觉得最自在?

第10章 定位不追求完美

目前为止，我的60多本书已经出版了，而且无论你相信与否，我几乎对所有的书名都不甚满意。尽管如此，我还是让它们出版了。为什么？因为我很喜欢设置时间限制，否则我相信我会无止境地寻找一个完美的书名，直到我认为找到为止。

在写《幸运儿》这本书时，我本来设想的书名是“即使生命终将终结”。但不幸的是，一位音乐家已经对这个书名进行了版权登记，无论花多少钱我们也无法使用这个书名。于是我的出版商建议将这本书命名为“幸运儿”。我当时觉得糟糕透了，因为我和“幸运”本就没有太大关系，而且我也不再是一个孩子了。但我却对此无能为力，或许很多人并不清楚，作者通常无法决定一本书的封面和书名，因为这是出版商的工作内容。不幸的是，我也确实没有什么更好的想法，或者至少在出版商看来更好的选择。于是这本书就以这样的书名出版了，而它也成为我迄今为止最畅销的作品，销量高达30多万册。我还因此登上了《明镜周刊》的畅销书作者排行榜。我不得不承认，如果没有这个书名，那么这一切可能都不会发生。

事实上，没有任何一本书的内容经得起无止境地推敲和加工。假设今晚我必须完成你手中这本书的初稿，令人恐惧的最后期限越来越近。但总有一些东西让我感到不甚满意并想要进行调整，理论上以及事实上来说，我还有整整一下午的时间来做这件事。但我很确定，即使花费今天一整天的时间直至深夜，我也还是会想要补充、修改甚至替换一些内容。即使再给我一周、一个月甚至一年的时间，我敢保证，我还是会不断发现更多需要改善的部分。

目前为止，没有任何一本书、一场演讲或一条主张是让我完全信服的。事实上，如果我一直坚持把它们修改到百分之百令我满意（尽管这种情况根本不会发生），那么我将无法让任何一本书、任何一场演讲或任何其他成果面世。

多年的经验让我明白，没有什么是真正“尽善尽美”的，包括书籍等产品的开发以及个人定位。因为我们总能找到改进的空间，随着人生和市场的变化我们也需要适时进行调整。那么我们究竟该怎么做呢？很简单，就是学会放手。就像我必须完成这本书的初稿一样，否则我的下一本书将永远无法面世。你也必须向外界传达自己的定位，否则你将永远寂寂无闻，也就永远无法得到预定。

> 没有什么是真正“尽善尽美”的，包括书籍等产品的开发以及个人定位。

人生没有一个永恒的标签

“我到底是谁？”这个问题像达摩克利斯之剑一样悬在我们的头顶。生活是不断动态变化着的，而唯一永恒不变的就是我们的名字，因为我们从出生的那一刻起就被赋予了属于自己的名字。当然，你可以根据自己的意愿改变自己的名字，或者为自己取一个艺名。但除此之外，你生活中的其他一切都无法保持一成不变，或者更确切地说，我相信你生命中的大部分内容都是可以并且终将改变的。

我曾花费太长的时间致力于找到一个合适的标题和正确的定位。如你所知，在过去的很长一段时间里，我都在与自己斗争并试图找到真正的自己。我想成为很多人，直到某一天我选择放弃一切杂念真正开始并努力将自己的想法落到实处。这个经验同样适用于你，就这样行动起来吧，去赚钱、走出家门并积累经验——即使你认为自己还没有做好一切准备。

在我看来，成功的门槛总会略高于打消疑虑的门槛。正因为这个微小的差距，很多人选择了放弃而永远无法到达终点。他们宁愿反复地思考和永远保持怀疑的态度，就这样，没有实现任何销售业绩的他们终将无法实现自己的目标。因为在某些时刻，他们的疑虑厚重到无法让自己看到隧道尽头的光明。他们放弃了自己的想法，也放弃了本来可以取得的事业成功。而事实上，他们所需要的只是一点儿勇气而已。

成功的门槛总会略高于打消疑虑的门槛。

如果你还在试图寻找一个永远正确和完美的定位，那么我敢保证你永远都不会找到它。我的观点很明确：人生的标题永远未完待续。你可以看一看我的职业生涯，或者回顾一下自己的成长过程，你会发现没有一个标签能够概括你的整个人生。

人生的标题永远未完待续。

榜样不一定是完美的

现实生活中的大多数人都希望自己能够活成别人的样子。相较之下，我已经进入了下一段旅程，即努力成为更好的自己。现在我依旧在这条道路上不断前行，当然也曾遭遇各种各样的困难与阻碍。

刚刚进入演讲行业时，每当我看到喜爱的或受到观众好评的演讲者，我就会开始模仿他们的演讲方式与风格。例如，我曾非常欣赏罗尔夫·鲁勒德（Rolf Ruhleder）——一位严肃而幽默的修辞训练师，他的讲座预约从年头排到了年尾，研讨会也是场场爆满。我想成为像他一样的人，甚至尝试改变自己与他相差甚远的个人性格。直到有一天，我亲眼见证了一场由肢体语言和哑剧专家赛弥·莫尔肖提供的现场表演。与罗尔夫相反，赛弥是一位亲切、温暖、体贴、柔和且非常友善的演讲者。如果当时人们能够像在社交媒体上一样发射爱心的话，那么那个礼堂一定会被爱心塞满。从那一刻起，我开始想成为像赛弥一样的人，尤其当我发现就连罗尔夫也认为赛弥真的很棒的时候。我开始尽一切可能让自己再次完全变成另外一个样子。

就这样，我在不同的榜样之间来回摇摆，一会儿想要这样，一会儿又想要那样，以至于我完全不知道自己究竟是谁或应该成为谁。我完全失去了方向，也因此在过去长达数年的时间里，我一直没有成为那个我本该成为的人——赫尔曼·谢勒。

> 那些只顾着模仿榜样的人可能永远只能追随别人的步伐，而无法真正留下属于自己的脚印。

这些经历让我明白，那些只顾着模仿榜样的人可能永远只能追随别人的步伐，而无法真正留下属于自己的脚印。榜样当然能够起到一定的促进作用，但同时他们也可能会让你误入歧途。在人生中不断完善和发扬自己的个性已经是一件非常困难的事情，所以我们更不应该浪费时间去模仿那些我们无法企及的人物个性。因为这些本来就是别人的性格特征，与我们不甚相关。

每当我们将目光落到别人，尤其是自己的榜样身上时，我们会觉得一切都是完美的，是经过百分之百深思熟虑的，并且是完全“正确”的。我们满怀羡慕与敬畏地惊叹于他们的成绩、成果、主张、口号或标题。而根据我自己的经验，我很确定每个人都会以更加挑剔的眼光去看待那些在别人看来完美无缺的东西。类似情形在我的人生中并不鲜见，但最终很多事情都进展得出乎意料地顺利。

简而言之，为别人的成功绞尽脑汁对你没有任何帮助。当然，你可以借此得到一些建议，向更有经验的人学习并从他们的知识中得到灵感，但最终你必须找到属于自己的路。因此，请在相对较短的时间内下定决心并真正开始。任何其他事情都可能让你浪费过多的时间、精力以及金钱。不要让成功的机会从指缝中溜走！

之所以会在这本书中与大家分享我自己的经验教训，是因为我希望你能够通过一两次简单的尝试顺利找到个人定位，取得行业领先优势并赢得杆位。我可以在准备阶段为你助力，但最终你必须独自参加比赛，并将对手远远甩在身后。就此而言，你责无旁贷。所以，请直视前方，盯紧目标并大步向前吧！

慢慢加油

我清楚地知道，演讲者有时会在舞台上点燃一股激情，通过某些言语的鼓励或情感的共鸣去激励大家，撸起袖子加油干，勇敢地迈出下一步。诚然，这正是我们工作的一部分，也是我们会被雇用的原因所在。包括这本书的德文标题也与“赛车”相关，强调速度与激情。对我来说最重要的是尽可能节省比赛开始前的时间，通过针对性的措施让自己和自己的企业处于杆位。而当比赛真正开始之后，我却更喜欢以一种温和、谨慎的方式前行。

职业发展不是一场短跑或百米冲刺，而是一场旷日持久的马拉松比赛。

我经常会遇到这样一些人，他们在完成自己认为当下必须完成的事情时满怀激情、全力以赴，却会面临在几天或者几周时间内耗尽自己全部力气的风险。请永远记住：职业发展不是一场短跑或百米冲刺，而是一场旷日持久的马拉松比赛。这就是为什么我宁愿你遵循心理学家所说的最小变化原则，即不要试图在三天内改变整个世界，而应尝试在几天时间里给世界带来一些小小的改变。我们应循序渐进地依次迈出双脚，保持稳定的节奏不断向前，这样你才能安全、轻松、持续地走向成功，不会因为气喘吁吁或步履蹒跚而中断自己的脚步。因此，毅力与坚持是必不可少的。

勇敢且坚定地前行

“Versprechen”的英文对照词是“promise”，意为“承诺、诺言”。我最喜欢的香水也以此命名，调香师希望借此表达自己对这个特定词语的崇高敬意。所谓言出必行，无论对他人还是对自己，信守诺言都需要很大的勇气。

相较之下，更简单的做法无疑是：

- 违背诺言
- 欺骗自己和他人
- 从不提供真实信息
- 成为管理者而非开创者
- 适应常态
- 保持平庸

平庸状态下的你会穿着和其他人一样的衣服，以和其他人一样的行为方式和思考方式做着和其他人一样的事情、去往和其他人一样的地方。你会不可避免地成为平庸的绝大多数，并惊讶地发现那里已经拥堵得水泄不通。但事实上，你根本不属于那里！

> 成为自己人生的建筑师并勇敢对自己说“是”。

为了站在人生的舞台上向外界传达自己内心的想法，为了成为更加杰出、明智、富有和成功的自己，我们要坚守自己的内心，成为自己人生的建筑师并勇敢对自己说“是”。诚然，我们需要很大的勇气去自信地追随先辈的脚步，去向父母展示自己的能力，去成为孩子的榜样，并留下自己清晰无误的脚印。

请鼓起勇气去：

- 履行自己的使命
- 展示自己的内心舞台
- 踏上未知的征程
- 不再墨守成规，成为与众不同、独一无二、引人注目和不可忽视的存在

- 发现并发挥隐藏在内心深处的潜力
- 传递你的信息
- 不再担心别人的看法和怀疑自己，而是坚定地相信自己能够取得成功
- 不放弃
- 不因自己内心的质疑而动摇，追随自己的灵魂和真正的梦想

在我们生活的这个温和的世界里、这个平庸的环境里、这个无聊的肥皂剧里，你是一个勇于为自己和梦想挺身而出的人吗？你会为实现自己的梦想而努力拼搏吗？你会尽情释放自己的光彩吗？你会打造属于自己的黄金品牌并付出一切吗？

> 我希望，这是你孤注一掷的选择，是以自己为赌注的全力以赴！

你的赌注不再是自己的学习意愿、真才实干、潜力优势以及内心的渴望。我希望，这是你孤注一掷的选择，是以自己为赌注的全力以赴！我也愿为你下注，如果你愿意，我可以在我的“黄金计划”课程中向你证明，你值得我的一切付出与信任！